Le Bilan de 1909

L'Aviation triomphante

par

MM. D'ESTOURNELLES DE CONSTANT
C. BOUCHARD * E. LAVISSE
P. PAINLEVÉ * L. BLÉRIOT
Paul ROUSSEAU * Cne FERBER
Cte de LAMBERT * Pierre MILLE
et divers Collaborateurs

PARIS
LIBRAIRIE AÉRONAUTIQUE
32, rue Madame,
1910

LES EXPLORATIONS GÉOGRAPHIQUES ET L'AVIATION

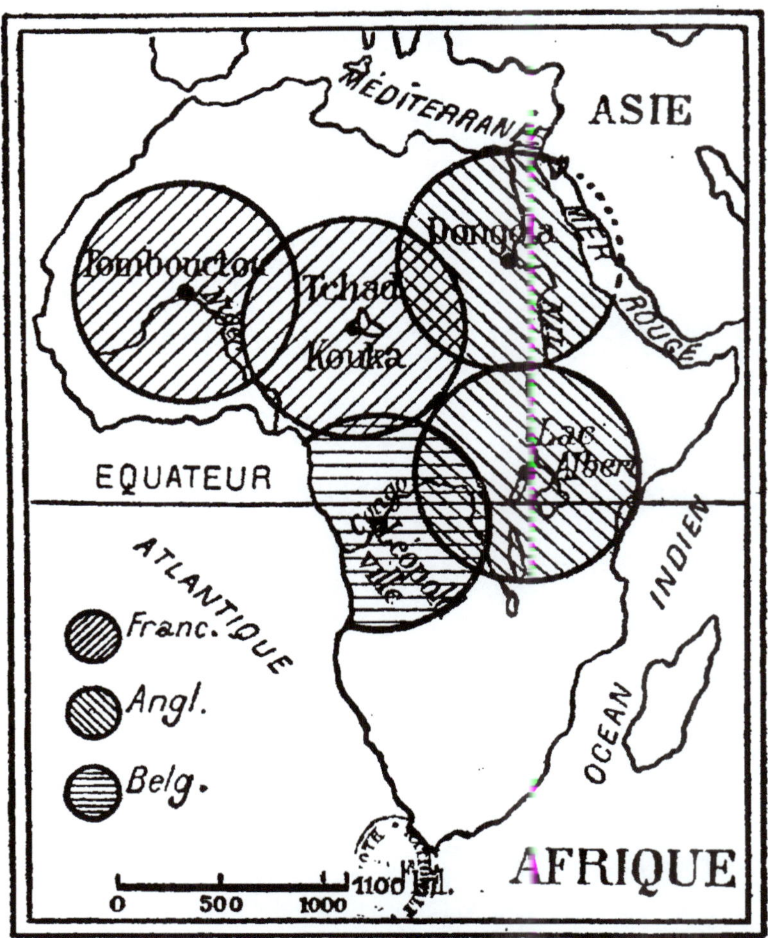

Cinq stations de dirigeables et d'aéroplanes, dans l'Afrique Centrale, assureraient, à peu de frais, l'exploration, la police, la poste, et, par suite, la mise en valeur d'un continent inconnu ; de même en Amérique, en Asie, en Australie, dans les régions polaires, sans parler de bien des régions européennes.

Une organisation internationale pour l'exploration aérienne des terres et des mers dont la carte reste à dresser ferait gagner des années à notre civilisation.

Edité par la Conciliation Internationale, 1910. (Extrait de « La Route de l'Air » de A. BERGET).

L'Aviation triomphante

L'Aviation triomphante

par

MM. D'ESTOURNELLES DE CONSTANT
C. BOUCHARD ✱ E. LAVISSE
P. PAINLEVÉ ✱ L. BLÉRIOT
Paul ROUSSEAU ✱ C^ne FERBER
Cte de LAMBERT ✱ Pierre MILLE
et divers Collaborateurs

PARIS
LIBRAIRIE AÉRONAUTIQUE
32, rue Madame,
1910

L'Aviation triomphante

MM. [illegible]

[illegible]

LIBRAIRIE [illegible]

Quand, en 1908, nous avons entrepris de favoriser, dans toute la mesure de nos forces, d'accord avec notre Société de Conciliation Internationale, les progrès de la locomotion aérienne, nous ne cédions pas à un entraînement, nous ne nous écartions pas de notre but, nous saisissions, au contraire, une occasion, un moyen inattendus de nous en rapprocher plus rapidement. Personne n'attend de l'aviation, pas plus que de la navigation sous-marine, la suppression de la guerre, c'est entendu ; mais, de même que les mines, les submersibles et autres découvertes de la science compromettent singulièrement l'avenir des expéditions d'une escadre cuirassée, de même les reconnaissances et les menaces du dirigeable ou de l'aéroplane rendront difficile, dans un pays intelligemment défendu, une agression de l'ennemi.

Quoiqu'il en soit, en dépit des surprises toujours possibles de la raison, nous estimons, plus que jamais, que les progrès de la locomotion aérienne sont intimement liés au progrès des relations internationales ; le triomphe de l'aviation est une grande victoire de l'humanité, on l'a proclamé hier solennellement à l'Institut, « une victoire remportée par la science au profit de l'homme et de la liberté » ; *« l'Aviation est un moyen d'affranchissement et d'union »* ; c'est pourquoi il ne nous suffit pas d'avoir acclamé l'an dernier l'*Aviation inespérée* et d'avoir interpellé le Gouvernement à la tribune et avec l'assentiment unanime du Sénat ; d'avoir publié, il y a six mois à peine, notre volume *Pour l'Aviation* (1) ; nous en publions aujourd'hui un second, l'*Aviation triomphante*, et nous pourrions en publier d'autres encore, si nous voulions être complets. Nous nous bornerons à donner sommairement à nos lecteurs l'un des meilleurs

(1) *POUR L'AVIATION*, un vol. in-18, Librairie Aéronautique.

compte rendus de la Grande Semaine de Reims, sans oublier ceux de la traversée de la Manche, ceux de la première exposition internationale d'aéronautique, ceux de la quinzaine de Juvisy, de la traversée de Paris, etc., etc.

Trois de nos membres d'honneur ont spontanément écrit les pages qui nous fourniront une digne introduction à ces passionnants récits. Le premier, M. le Professeur Ch. Bouchard, parlant au nom et en présence des cinq Académies composant l'Institut de France, dans leur réunion annuelle du 25 Octobre dernier, a résumé, en quelques traits, ce que la civilisation doit déjà d'admiration et de gratitude aux précurseurs de la locomotion aérienne, tout ce qu'elle peut attendre désormais de leurs successeurs. Le second, M. Painlevé, représentant l'Académie des Sciences, a spécialement commenté les résultats de la Grande Semaine de Reims. Le troisième enfin, M. Lavisse, représentant l'Ecole Normale supérieure, a parlé au lendemain de la traversée de la Manche. Ces trois maîtres sont d'accord pour envisager avec un égal respect, sinon avec une égale confiance, les grands changements qui s'accomplissent et qui finiront par imposer, selon nous, aux Gouvernements comme aux peuples, une politique extérieure bien différente de celle de jadis.

Le discours de M. Lavisse s'adresse à de jeunes enfants; maître des maîtres, responsable, l'orateur ne va pas jusqu'à prédire que les changements inévitables seront prochains ; il pense au contraire, à tort ou à raison, à tort, suivant nous, qu'ils peuvent demander des siècles, mais il admet que le devoir patriotique et l'intérêt de la France est de les préparer ; il admet qu'elle remplit sa mission et qu'elle rend un nouveau service au monde en les préparant ; il va jusqu'à dire et jusqu'à écrire que « les grandes personnes étaient sottes quand elles se moquaient »....

Nous n'en demandons pas davantage. Si on rapproche ce discours de ceux qui furent échangés à la Sorbonne, le 25 Mai, lors de la réception de M. A. Carnegie, et que nous avons publiés antérieurement ; si on tient compte aussi des nouvelles manifestations de notre Groupe de l'Aviation au Sénat, manifestations dont le compte rendu termine ce volume; si on se reporte aux récentes protestations soumises par M. Clémentel à la Chambre, au nom de la Commission du budget ; si nous lisons enfin le beau rapport de M. Emile Picard, de l'Académie des Sciences, sur l'attribution du prix Osiris aux aviateurs Blériot et Voisin (16 juin 1909), le rôle pacificateur de la France se précise de telle sorte que nous n'aurons bientôt plus rien à dire. Les faits parlent. Hâtons-nous seulement de les enregistrer.

A côté des succès français, ne manquons pas de faire aussi leur place à ceux des autres pays. Nous ne tomberons pas dans l'excès qui consiste à nationaliser puérilement chaque progrès de la science et à n'y voir qu'une victoire sur nos rivaux. Nous avons rendu justice à l'Allemagne de Zeppelin et de Lilienthal, à l'Amérique des Wright et de Santos-Dumont, à tous ceux enfin qui ont contribué à la conquête de l'air; nous constatons même que l'Allemagne, après nous avoir suivis, nous dépasse rapidement, méthodiquement. Et nous concluons par quelques pages pénétrantes de Pierre Mille, intitulées *Le triomphe humain*.

Nous ferons la part aussi des catastrophes ; tout se paie ; nous saluons la mémoire de notre ami le capitaine Ferber, du jeune et vaillant Lefebvre, du capitaine Marchal et de l'équipage du *République* ; mais nous sommes sûrs que, si chacun de ces héros pouvait revivre, aucun d'eux ne regretterait sa vocation, quelque contrariée qu'elle ait été ; aucun d'eux ne voudrait d'une vie tranquille et sans risque ; tous au contraire recommenceraient.

Et c'est là ce qui est beau, ce qui domine

toutes les douleurs, toutes les injustices : la France fourmille de bonnes volontés avides de sacrifice. Jusqu'ici, notre administration pouvait impunément décourager ces bonnes volontés ; la modestie, l'isolement, le manque de ressources, la difficulté de vaincre les mille formes perfides de la routine, la crainte du ridicule et de la disgrâce les arrêtaient beaucoup plus que la crainte du danger; mais aujourd'hui elles s'enhardissent et rien ne les retiendra plus; l'Académie française elle-même, par la voix de M. Lavisse, a prononcé : « Elles étaient sottes les grandes personnes quand elles se moquaient.... »

D'ESTOURNELLES DE CONSTANT.

Les photographies reproduites dans ce volume proviennent des Maisons Neurdein, Branger et Manuel.

Le témoignage de l'Institut de France

INTRODUCTION

Par la semaine de Reims, l'aviation a conquis droit de cité dans l'industrie. Il y a vingt mois, personne ne croyait aux envolées des Wright; le premier kilomètre bouclé par Farman, à quatre mètres du sol, était salué comme un miracle. Hier, à Bétheny, plus de quinze pilotes se mouvaient sur des appareils divers : monoplans et biplans rayaient le ciel, volant jusqu'à trois heures de suite, couvrant 180 kilomètres, dépassant 150 mètres de hauteur, atteignant des vitesses de près de 80 kilomètres à l'heure.

De toutes les inventions humaines, il n'en est aucune qui parût se heurter à des difficultés aussi formidables; il n'en est aucune dont le développement ait suivi cette marche foudroyante. Voilà ce qu'il faut retenir, avant tout, du merveilleux tournoi de Reims.

Quant au classement des concurrents, il a démenti bien des pronostics ; on ne doit point s'en étonner.

L'année 1908 se terminait par la victoire du « flyer » Wright. Malgré les exploits du biplan Voisin et de ses deux pilotes, Farman et Delagrange, W. Wright détenait les principaux records ; il avait volé 2 h. 20 seul, 1 h. 10 avec passager, dépassé la hauteur de 100 mètres, coupé l'allumage à 65 mètres, montré par mainte manœuvre, au camp d'Auvours, la souplesse de son appareil.

Quant au monoplan, Blériot, Esnault-Pelterie, Levavasseur s'efforçaient de le maîtriser. Dédaignant la prudente éducation des glissades aériennes, ils s'attaquaient directement à l'appareil volant. Mais le public, toujours pressé, ne voyait dans leurs tâtonnements que des échecs, et malgré le brillant aller et retour de Blériot à travers la Beauce, estimait le monoplan définitivement condamné.

Cinq mois plus tard, Levavasseur mettait au point le monoplan sur lequel Latham accomplissait ses émouvantes envolées. Blériot construisait plusieurs monoplans stables, de tailles différentes, et enfin, sur un type de petite envergure, traversait la Manche. Du coup, l'opinion tourna : ce fut le biplan qui fut condamné. A la veille du concours de Reims, le monoplan, si décrié jadis, était grand favori. Voilà, disait-on, le véritable oiseau : élégant, léger et rapide, il allait laisser bien loin derrière lui le lourd biplan.

Or, le monoplan rapporte de Reims le prix de hauteur; mais dans deux épreuves de vitesse, le biplan Curtiss lui a tenu tête, triomphant même dans la plus importante, la Coupe Gordon-Bennett. Voilà une première leçon de la semaine de Reims.

Est-ce là, comme on l'a dit, un démenti à la théorie? En aucune façon. Les raisons simplistes pour lesquelles des esprits superficiels prédisaient la victoire du monoplan sont combattues par d'autres raisons profondes. Sans doute, le monoplan est plus léger et ses supports prêtent moins de prises nuisibles à l'air; mais il a moins de surface portante. Si sa voilure est trop restreinte, elle devra se cabrer davantage pour soutenir l'appareil. D'où un accroissement des résistances à l'avancement qui peut compenser et au delà ce qu'on a gagné d'autre part. L'issue des épreuves de vitesse n'a donc rien de paradoxal.

Un autre fait saillant du concours de Reims, c'est l'effacement relatif de l'équipe Wright.

Il est vrai que le biplan Curtiss est un dérivé du Wright, mais les appareils Wright eux-mêmes n'ont triomphé dans aucune épreuve.

Quelques jours avant l'ouverture de la grande semaine, certaines interviews faisaient dire aux Wright qu'ils pouvaient maintenant tenir l'air 25 heures et assurer un service postal. Mais ce n'était là que du reportage américain. En réalité, Orville avait simplement achevé les expériences de Fort-Myer, interrompues par son malheureux accident. Mais aucune modification n'avait été apportée à l'appareil ; du moins celles qui furent tentées n'étaient sans doute point heureuses, puisqu'on y a renoncé.

C'étaient donc trois biplans identiques au « flyer » d'Auvours qui affrontaient le concours de Reims. Mais on pouvait penser que sur des appareils bien au point, stimulés par leurs rivaux, de Lambert, Tissandier et Lefebvre battraient les records des Wright, tandis qu'en fait ils sont restés notablement en dessous.

Quant au biplan cloisonné à longue queue, il a dépassé les espoirs de ses partisans. On le savait stable et relativement facile à manœuvrer en air calme ; ces qualités s'affirmaient d'ailleurs par le nombre de pilotes exercés qu'il mettait en ligne. Mais sa stabilité est achetée par un accroissement de poids et de résistances qui exigent un moteur puissant. Malgré ce défaut, c'est lui qui a tenu la tête dans les épreuves de fond. Sur son biplan, proche parent du biplan Voisin, Farman a remporté les deux prix de parcours et de durée et s'est montré un concurrent dangereux dans l'épreuve de hauteur. D'autre part, on pouvait craindre que la queue et les cloisons ne devinssent dangereuses dans un air troublé. Or, l'exploit le plus audacieux accompli à Reims est peut-être celui de Paulhan, volant près d'une heure sur un biplan Voisin, dans des rafales de vent. Voilà encore un des enseignements de la grande semaine.

En définitive, et comme il était facile de le prévoir, les épreuves de Bétheny n'ont point mis en évidence un appareil supérieur à tous les autres. Les trois types actuels d'aéroplanes, monoplan, biplan genre Wright, biplan genre Voisin, se sont signalés par des qualités brillantes et différentes, et la préférence qu'on leur accordera dépend de l'usage auquel on les destine.

Le concours de Reims n'a pas seulement provoqué une magnifique émulation entre aviateurs : la confrontation des divers types a entraîné des constatations importantes qui contribueront aux progrès futurs. Qu'il y a loin pourtant de ces constatations globales et grossières aux mesures précises qui seraient désirables. Réduits à tâtonner à l'aveuglette, nos chercheurs ont réalisé des merveilles. Que ne feraient-ils pas s'ils pouvaient s'appuyer sur un ensemble solide de données acquises! Que de temps et d'argent économisés! Pour garder la maîtrise de l'aviation, saurons-nous accomplir à temps l'effort rationnel et coordonné qui s'impose?

PAUL PAINLEVÉ,
Membre de l'Académie des Sciences.

(Août 1909).

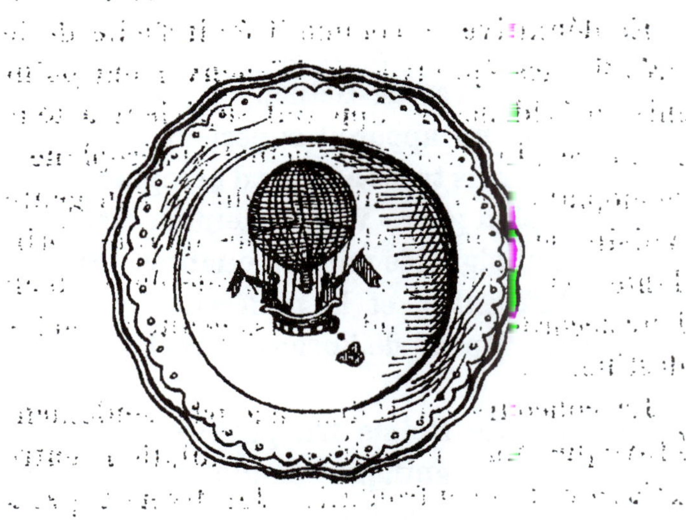

Elles étaient sottes les grandes personnes qui se moquaient...

○ ○ ○

DISCOURS PRONONCÉ PAR M. LAVISSE, DE L'ACADÉMIE FRANÇAISE, A UNE DISTRIBUTION DE PRIX, AU LENDEMAIN DU PASSAGE DE LA MANCHE PAR BLÉRIOT. (*Temps* du 16 Août 1909).

Mes enfants,

. . . .

Maintenant, que va-t-il advenir de cette découverte ? Qu'en pensent les nations et ceux qui les gouvernent ? Etonnement, enthousiasme, inquiétude se sont succédé de très près.

. . . .

Dieu sait ce que l'on pourra voir : le progrès du dirigeable et de l'aéroplane, qui rappellera celui de la locomotive et du bateau à vapeur ; l'utilisation aux œuvres de guerre bientôt trouvée ; un recrutement pour l'armée d'air ; des galons, des épaulettes et — ce sera bien le cas — des étoiles, le pavillon du chef sur l'esquif amiral ; des escadres aériennes avec points d'attache ; des aéroplanes et des dirigeables mis en garnison ; la recherche fiévreuse d'un bâtiment meilleur ; l'aéroplane qu'on vient de lancer en retard sur celui que l'on est en train de construire ; la lutte à qui possèdera le plus de bâtiments ; des propositions inutiles de limiter les armements par des ententes internationales ; et puis la terre et l'eau obligées de se défendre contre l'air ; une artillerie nouvelle pour le tir aux oiseaux ; en conséquence, les budgets grossis et la course accélérée des Etats vers l'abîme des banqueroutes.

J'exagère ? Je le veux bien. Toujours est-il que voilà « l'aérine », si je puis dire, cotée au budget à côté de la marine. Et déjà Metz est une garnison désignée pour les dirigeables. En tout cas, ce qui est certain, c'est que l'utilisation pour la guerre a été la pensée principale des gouvernements et des peuples aussi. J'ai gardé un reste de naïveté que je conserverai soigneusement jusqu'au dernier jour. J'ai cru qu'il se trouverait dans tous les pays des hommes qui élèveraient la voix pour réclamer la neutralité du ciel dans les querelles de la terre. Je me suis trompé. Partout, c'est la soumission respectueuse à l'antique fatalité. On accepte sans plus de façons de superposer un nouveau champ de bataille aux anciens. Des hommes haut placés, de barbares Excellences, d'éminents sauvages croient à la réalisation possible du prodige lugubre dont s'épouvanta le moyen âge : des pluies de sang tombant du ciel.

Mais alors, mes enfants, vous penserez : « Si c'est à cela que sert la science, ne faut-il pas la maudire ? » N'allez pas si vite.

La science ne se propose pas de nous rendre meilleurs ni plus heureux. Elle n'a pas d'autre intention que d'accroître nos connaissances et nos forces comme je disais tout à l'heure ; et nous, nous faisons de ses découvertes l'usage que nous voulons, ou plutôt que nous pouvons. Ces découvertes souvent déconcertent nos esprits attachés à des habitudes, à des idées, à des croyances, à des intérêts aussi. Habitudes, idées, croyances, intérêts, s'ils sont menacés, résistent tant qu'ils peuvent, et c'est la chose du monde la plus naturelle. Il est naturel que les conservateurs du seizième siècle en aient voulu à Galilée, pour avoir remis notre planète à sa place, qui est une toute petite place, dans l'ensemble de l'univers. Il est naturel qu'au dix-neuvième siècle les conducteurs de diligences aient vu d'un mauvais oeil passer les premiers trains sur chemins de fer. La science voyez-vous, est toujours en avance sur l'humanité comme elle est et se comporte à telle ou telle date de la durée ; la lente humanité se fait traîner par elle.

Or, jamais plus grand trouble ne fut mis dans les habitudes que par la conquête de l'air. Les hommes ont l'habitude de vivre en nations. Chaque nation a son chez soi, ses portes et ses fenêtres qu'elle ouvre et ferme comme il lui plaît. Ses portiers sont des agents de la douane, des agents sanitaires, des gendarmes et des soldats. Jusqu'ici, elle avait cru pouvoir se passer d'un toit ; elle vivait à ciel ouvert, n'attendant du ciel que la grâce de ses beautés, le secours de sa lumière et de sa chaleur, ou la fureur de ses fléaux. Mais aujourd'hui par la route du ciel arrive l'étranger, et l'étranger est toujours inquiétant ; il a beau être ami, il est l'ennemi d'hier, et peut-être sera l'ennemi de demain. Il est donc naturel qu'à l'admiration provoquée par la traversée du détroit ait si vite succédé l'inquiétude.

Mais ce qui est fait est fait. On verra une fois de plus, on voit déjà se modifier les vieilles habitudes et naître des habitudes nouvelles. Ecoutez-moi bien : les idées et les théories des savants sont toujours contestables et toujours contestées ; mais les faits, les réalités qu'ils révèlent demeurent à jamais, et les hommes finissent par s'y accomoder. Après s'être fait traîner, ils marchent.

. . . .

Or, mes amis, de toutes les conséquences des découvertes qui ont permis à l'homme le mouvement rapide, voici la plus grave : les nations rapprochées les unes des autres. Cette circulation toujours accrue d'hommes, d'idées et de sentiments a commencé d'user la ligne des frontières. Chaque nouvelle découverte rend l'isolement plus difficile, et plus mesquines les barrières. Pas n'est besoin de s'élever très haut pour que les objets que nous avons coutume de voir se rapetissent à nos yeux. Déjà, le coq du clocher nous prend pour de petits poussins. Le voyageur aérien à qui les villes, malgré les hautes flèches de leurs cathédrales, semblent des bibelots d'étagère, n'aperçoit pas même la ligne des frontières. En plein ciel, il a le droit de rêver d'une humanité future.

Ainsi nous voilà montés en plein ciel et en plein rêve. Il y fait bon, n'est-ce pas ? Je voudrais bien y rester avec vous. Quelle vue superbe, et comme on respire à poitrine plus libre et plus large ! Mais je serais un bien mauvais éducateur si je vous laissais là-haut. Je ne vous y laisserai pas. Descendons.

Les sentiments qui défendent les frontières sont très vieux, mais très puissants. Ils sont fondés sur la nature et sur l'histoire, deux bases solides, dont la première est inébranlable. La nature, par la diversité des conditions qu'elle offre à la vie humaine dans ses diverses régions, veut qu'il y ait des patries. Le peuple français et le peuple anglais viendraient à disparaître qu'elle referait deux patries distinctes auxquelles les hommes donneraient d'autres noms.

Les sentiments patriotiques sont vénérables : ils commandent des devoirs précis ; ils inspirent des sacrifices ; ils engendrent l'enthousiasme. J'en sens autant que personne la force et la beauté. Je ne me contente pas de les respecter ; je les aime ; ils conduisent ma vie. Puis, je ne veux pas être une dupe niaise. Comment ne pas voir que des peuples gardent les uns contre les autres des griefs qui ne seront pas apaisés de sitôt, et que le long passé a légué aux peuples et aux gouvernements surtout de mauvaises habitudes. Quand les rois et leurs chanceliers parlent de concorde et de paix, ils ne disent que la moitié de ce qu'ils pensent ; ne les croyons qu'à moitié. Dans les tentures des chancelleries, de vieux microbes malfaisants font semblant de dormir.

Mes enfants, c'est une chose très certaine que les guerres deviendront de plus en plus rares ; que les « accords » entre les Etats se multiplieront ; que l'Europe, déjà réduite à deux grands groupes de puissances, se confédérera quelque jour ; qu'entre les patries qui survivront comme les provinces survivent dans l'Etat français, les frontières s'atténueront de plus en plus. Très certainement vous êtes nés à l'avril d'une ère nouvelle ; mais l'avril d'une ère, cela peut durer des siècles. Et vous savez le proverbe : « En avril, ne te découvre pas d'un fil ». Gardons notre armure, et qu'elle soit solide, et qu'elle brille !

Mais gardez aussi l'espoir que les beaux jours viendront, et sachez que c'est le métier de la France de les préparer. Les nations le savent bien ; aussi nous rendent-elles justice, à nous qui, dans notre vilaine sottise, passons notre temps à nous calomnier. Dans les voyages internationaux, les Français sont traités avec des égards particuliers ; aucun souverain hors de chez lui n'est salué d'autant ni de si chaleureuses acclamations que le président de notre République. Ces jours-ci, après l'exploit de Blériot, l'esprit français a reçu de beaux éloges, surtout parmi nos amis d'Angleterre. On nous a loués de nos inventions de machines et de nos inventions d'idées, machines de vitesse et idées qui vont loin. Gardons cette spécialité glorieuse.

Vous avez donc une double vocation : citoyens et soldats de la France, vous la servirez et vous la défendrez, acceptant virilement toutes les obligations du présent ; mais vous regarderez vers l'idéal lointain et préparerez des jours meilleurs pour les autres et pour nous.

Vous aurez foi en la raison, bien qu'il soit de mode aujourd'hui de la décrier, et en la science, bien qu'il soit de mode aujourd'hui de la rabaisser. Vous vénérerez la science, puisque vous la voyez provoquer l'énergie des muscles et des cœurs, et collaborer à la réconciliation des peuples A ceux qui vous disent qu'elle est d'ordre inférieur, puisqu'on n'en peut tirer une morale, vous répliquerez que, sans le savoir, il est vrai, et sans le vouloir, elle fait de la morale, et même de la morale très haute.

Vous aurez foi en la puissance de la volonté humaine, en cette patience qui vainc les obstacles, dût-elle y mettre des siècles et des siècles encore. N'écoutez pas ceux qui, à toute ambition nouvelle, haussent les épaules, et crient : « Absurde ! Impossible ! » Vous voyez bien qu'à force de vouloir des ailes, l'homme les a conquises, les ailes. Et puisque nous voici ramenés au point de départ du long voyage que nous venons de faire, j'avais bien raison de vous dire qu'elles étaient sottes, les grandes personnes, quand elles se moquaient...

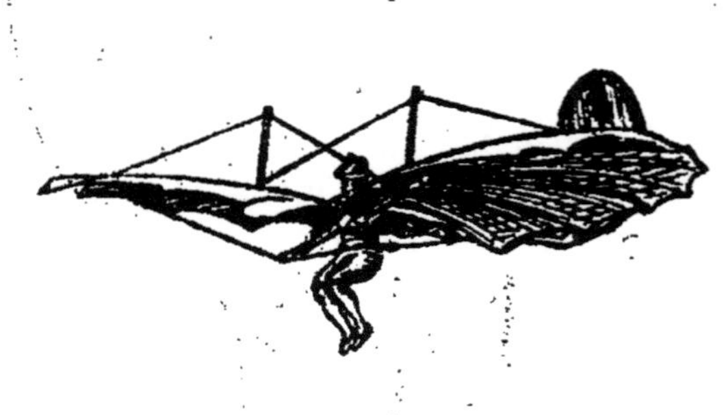

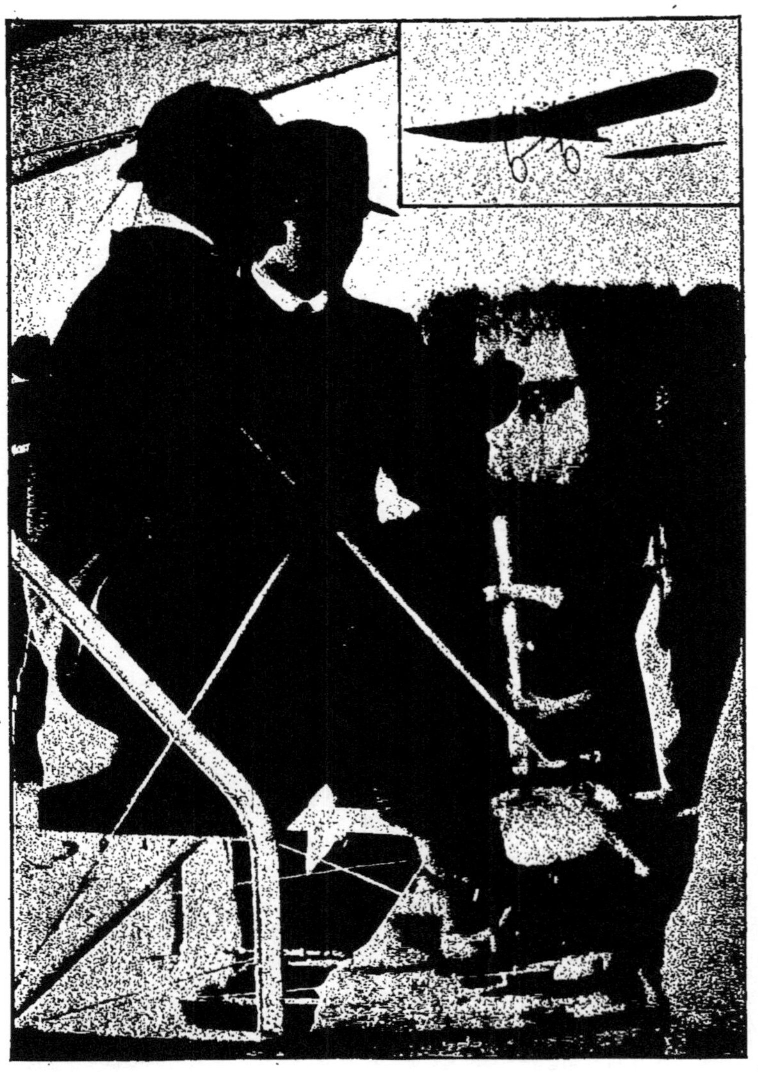

Louis BLÉRIOT et ANZANI. Louis Blériot, Ingénieur des Arts et Manufactures E. C. P., inventa et construisit le monoplan qu'il pilote. — Anzani, ancien coureur cycliste, inventeur et fabricant du moteur employé par Blériot pour son monoplan.

A

QUELQUES-UNS DES APPAREILS DE BLÉRIOT

Le Blériot N° I (1901-1902)
Appareils à ailes battantes et clapets

Le Blériot N° IV (Le Canard)

La locomotion aérienne

à la séance publique annuelle

des cinq Académies de France

❦ ❦ ❦

DISCOURS DE M. C. BOUCHARD, PRÉSIDENT DE L'ACADÉMIE DES SCIENCES, PRÉSIDANT LA SÉANCE DES CINQ ACADÉMIES DE FRANCE (25 Oct. 1909)

Messieurs,

Mon devoir est de retracer les évènements qui, au cours de cette année, ont retenu l'attention de l'Institut de France et à l'occasion desquels il a participé au progrès du savoir humain, au mouvement des idées et à la vie des nations, de la nôtre en particulier. Ces évènements ont été nombreux et de haute portée.

. . . .

L'homme s'élance dans le ciel. Trop longtemps la terre lui a été inhospitalière, trop longtemps la mer l'a enserré. Il a ressenti le besoin de s'évader ; il a envié, il a observé l'oiseau ; il a prononcé la parole prophétique d'Ovide :

At cœlum certe patet ; ibimus illac,

il la réalise. Au début son instinct secret n'a eu pour interprète que les poètes, puis des savants qui étaient aussi des artistes. Il a donné d'abord satisfaction à son désir par un procédé inattendu, en imitant bien plus la bulle de savon que l'aile de l'oiseau.

Le poids de l'appareil et de l'homme qui s'y abandonne est moindre que celui de l'air déplacé ; il doit s'élever au-dessus de la surface terrestre. C'est avec cet appareil qu'il a commencé la conquête de l'air dont il a été pourtant, pendant un siècle, l'esclave plus que le maître, de la fin du dix-huitième siècle à la fin du dix-neuvième. C'est l'aérostation.

L'année 1783 a été témoin de tous les actes fondamentaux de l'aérostation.

Le 5 juin, à Annonay, une enveloppe sphérique gonflée par l'air chaud s'élève pour la première fois dans les airs. Cela suffit à immortaliser le nom de Montgolfier.

Le 7 Janvier 1785, Blanchard et le docteur Jeffries traversent la Manche de Douvres à Calais. Un siècle plus tard, en 1885, les Renard et Krebs accomplissent un circuit fermé dans un dirigeable qu'ils ont construit. En 1908, Zeppelin réalise les ballons dirigeables rigides.

Depuis douze ans, nous nous étions accoutumés à contempler ces majestueuses machines qui se dirigeaient avec facilité et avec élégance et accomplissaient leurs évolutions au-dessus de Paris. Les noms des constructeurs et des hardis aéronautes nous étaient familiers. Le bruit cependant nous parvenait que des essais auraient été faits, non sans succès, pour s'élever dans l'air et se diriger, sans le secours de ballons, à l'aide de ce qu'on appelait depuis longtemps, sans les avoir réalisés : les plus lourds que l'air.

Les noms de Penaud, de Marey, de Chanute, de Lilienthal, de Richet, d'Ader, des frères Wright, de Ferber, de Voisin, de Santos-Dumont, de Blériot, de Farman, de Delagrange, d'Esnault-Pelterie resteront dans l'histoire de cette glorieuse période des débuts de l'aviation.

Le principe des appareils actuellement en usage, c'est une surface de sustentation, ou plusieurs surfaces légèrement inclinées, poussées contre l'air par un propulseur horizontal à hélice. Quand après avoir roulé quelque temps sur le sol, la machine a acquis une vitesse suffisante, la réaction de l'air contre la surface plane oblique ajoute à son mouvement horizontal un mouvement vertical. Le vol plané est la résultante de ces deux mouvements.

On nous disait tout cela, mais ce qu'on nous montrait ressemblait à des bonds plutôt qu'au vol ; ceux qui faisaient mieux tenaient leurs expériences secrètes ; on doutait, on niait et l'on démontrait par raison mathématique que l'homme n'est pas fait pour voler.

L'homme n'est pas fait pour voler et il ne vole pas et ne volera pas à la façon de l'oiseau. Mais l'homme n'est pas fait non plus pour nager ou pour plonger, comme font le cygne ou le poisson ; et il ne glissera pas sur les fleuves et ne circulera pas dans la profondeur des mers. Mais il a fabriqué des machines dans lesquelles il s'enferme et qui glissent sur les eaux ou dans les eaux. Il a inventé aussi les machines volantes.

L'homme n'est pas fait pour se soumettre éternellement à la nature. Il se conforme à ses lois ; il étudie ses moyens ; il les imite. Mais il fait mieux, il invente, et c'est alors qu'il atteint à sa véritable destinée, qu'il conquiert la nature et qu'il subjugue les puissances hostiles. L'homme a inventé et réalisé ce qu'aucun être vivant ne possédera jamais : la roue et l'hélice, qui n'accompliraient pas deux tours si elles étaient des organes appartenant en propre à l'animal.

C'est l'hélice que l'aviation contemporaine a substituée aux ailes de l'aviation légendaire ; mais la légende n'est pas sortie sans longues méditations du cerveau des poètes. Quand Dédale attachait à ses bras et à ceux d'Icare, à l'aide de lin et de cire, les plumes d'abord plus petites, puis graduellement plus grandes, il avait soin de donner à l'ensemble une courbure rappelant l'aile de l'oiseau.

Atque ita compositas parvo curvamine flectit
Ut veras imitentur aves.

C'est précisément la forme adoptée dans les meilleurs et dans les plus récents modèles d'aviation.

Les poètes avaient encore deviné et formulé certaines règles pratiques dans la manœuvre.

Il est écrit dans le récit des Sagas :

« Wieland (le forgeron fameux des légendes islandaises) est prisonnier du roi danois Nidung qui, pour le garder plus sûrement, lui a fait couper les jarrets.

« Wieland construit, pour s'échapper, des ailes que son frère Egil, prisonnier avec lui et grand chasseur, consent à garnir de plumes, sous la condition qu'il volera le premier. Wieland, craignant de le voir s'échapper, lui donne des instructions fallacieuses : il partira contre le vent (ce qui est encore aujourd'hui une excellente manœuvre), mais il aura soin d'atterrir en se plaçant dans le sens du vent (ce que nos aviateurs estiment être une détestable conduite). Il en résulte qu'au retour Egil fait une chute terrible. Wieland endosse l'appareil et s'envole pour ne plus revenir. »

Nous connaissons deux frères, tous deux aviateurs, qu'unit une tendre et fidèle amitié et qui mettent en commun leurs appareils et les enseignements pratiques de leur expérience. Le monde n'est pas devenu si mauvais depuis le temps des légendes islandaises.

D'où vient cet universel sentiment de joie et d'admiration, d'orgueil et de confiance, de soulagement et d'espérance qui s'est emparé des penseurs isolés, aussi bien que des foules, le jour où cette nouvelle s'est répandue dans le monde entier : un homme, parti de la côte française, s'est élancé par-dessus les mers et a atterri sur les falaises de Douvres, au point qu'il s'était fixé ? Il n'avait pas, comme Blanchard, attendu le vent favorable qui l'aurait porté vers son but. Il l'avait atteint de son propre élan. On avait bien des raisons de se féliciter, on avait un nouveau moyen de transport, plus rapide, plus direct que les autres, on n'avait plus le souci d'éviter les accidents de la route ; on ne connaîtrait plus les barrières, les contraintes, les réglementations, — courte illusion ; — on se déplacerait librement à son heure. Tout cela, toutes ces conquêtes successives, saluées par la reconnaissance des peuples, on le possédait déjà, grâce aux chemins de fer, à la navigation à vapeur, aux automobiles, aux ballons dirigeables. L'aviation résumait tout cela. Mais l'homme volant était dispensé de suivre des routes tracées à l'avance, il lui importait peu que ce qu'il voyait passer au-dessous de lui fût mer ou continent ; il se sentait plus indépendant, plus fort. Il avait dans sa main, avec son petit moteur et ses quelques mètres de toile, la puissance que lui assuraient les énormes machines que la marée empêchait d'atterrir, qu'un signal arrêtait ; les automobiles, les dirigeables reculaient devant la mer et ne franchissaient péniblement les montagnes qu'avec la complaisance du vent et d'un fonctionnaire. Les libres communications devenaient possibles : l'aviation supprimait les obstacles créés par la nature ou par les hommes. L'émotion qu'ont provoquées les héroïques tentatives de Latham et la traversée triomphale de Blériot avait, je crois, sa source dans ce sentiment clair ou obscur que la science venait de remporter, au profit de l'homme et de sa liberté, une nouvelle victoire. D'autres se réjouissaient sans doute en voyant déjouer les isolements politiques, divulguer les préparatifs militaires et les mystères des travaux de défense, donner à l'attaque la soudaineté et la précision. Il ne faut pas abuser des pronostics. Je ne sais ce que vaut l'aviation pour les entreprises guerrières des nations, mais j'ai la conviction qu'il y a mieux à attendre d'elle, qu'elle est à la fois un moyen d'affranchissement et d'union. Dût-elle n'être jamais que le symbole de tels bienfaits, je ne retrancherais rien de la reconnaissance émue que nous avons vouée à ceux qui ont préparé et réalisé la conquête de l'air, rien de la piété religieuse avec laquelle nous avons enseveli dans le drapeau national les héros qui seront, dans l'histoire, les martyrs de cette cause.

L'affranchissement ne conduit pas à l'anarchie, et si l'air qui enveloppe toute la terre devient plus libre encore que les mers enserrées dans nos continents, je pense que les actes contraires au droit des gens accomplis par les dirigeables ou les aéroplanes rencontreraient la même répression que les actes de piraterie commis dans les mers libres.

Cette déclaration est superflue. L'Institut prévoit, observe et encourage le progrès de la science et respecte les mesures de préservation sociale, ne leur demandant que de ne pas créer d'entraves aux découvertes.

De tout temps il s'est intéressé à la navigation aérienne, comme autrefois à la navigation à vapeur, et le délégué que le gouvernement a envoyé à New-York fêter le centenaire de Fulton, est l'un de nos secrétaires perpétuels.

L'Académie des sciences a, depuis de longues années, sa commission d'aéronautique et a fait frapper les médailles d'or qu'elle destine aux constructeurs et aux conducteurs des machines volantes. L'Institut ayant à décerner le prix Osiris de 100.000 francs, a décidé de l'attribuer cette année à l'aviation, et devant se limiter aux progrès accomplis par des Français au cours de cette année, l'a attribué par parts égales à MM. Voisin et Blériot. C'était avant le triomphe du pas de Calais et les actions d'éclat de la plaine de Bétheny et de Port-Aviation.

L'aérostation comme l'aviation, comme déjà depuis longtemps le cerf-volant et les ballons-sondes, ont eu leur application dans les recherches scientifiques. Leur emploi a été fécond en résultats pour la physique générale du globe, depuis les expériences de Franklin jusqu'à celles qui ont fait connaître la distribution de la chaleur aux différentes altitudes. Elles nous renseignent sur l'atmosphère terrestre, que nous connaissons si peu, moins que l'atmosphère solaire ; elles nous font connaître et mesurer la surface de la terre. Elles deviennent un moyen d'exploration.

. . . .

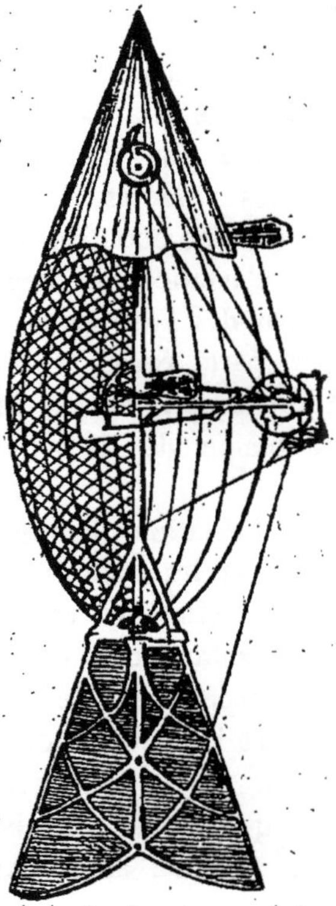

La traversée de la Manche

en Aéroplane

La traversée de la Manche en Aéroplane

o o o

Après les expériences faites depuis un an et les prodigieux records établis, la traversée de la Manche n'était plus qu'une question d'audace ; elle ne pouvait tarder à se résoudre. A la fin du mois de juillet Latham d'abord, puis Blériot furent les premiers à se lancer ; Latham arriva presque, mais ce fut Blériot qui réussit à atterrir sur le sol Anglais.

Ce que furent les manifestations dans les deux pays, à cette nouvelle, on ne l'a pas oublié ; dans le monde entier l'importance de cette première application de l'aviation fut comprise et considérée comme le commencement de la grande révolution bienfaisante.

D'un nouvel ouvrage qui vient de paraître

à notre Librairie Aéronautique, [1] nous extrayons les deux chapitres suivants :

Récit de Blériot

. . . .

« Mon réveil ce matin fut plutôt pénible pour moi, je ne sais pour quelle raison. Mon ami A. Leblanc, l'homme dévoué par excellence, m'avait réveillé à deux heures et demie; mais j'avoue que je n'étais nullement disposé à partir. Je voyais même les choses en noir et j'aurais été heureux d'entendre dire que le vent soufflait si fort qu'aucune tentative n'était possible.

« Leblanc me remonta un peu et m'emporta dans son auto. J'étais sauvé. L'air vif qui me fouetta le visage me réveilla tout à fait. J'eus un peu honte de mon mouvement de faiblesse. J'avais cette fois du courage pour deux.

« Aux Baraques, Mamet et Colin, mes deux mécaniciens, ont déjà ouvert la tente et le monoplan sort de la cour de la ferme. Malgré l'heure matinale, le village est debout et de

(1) Comment Blériot a traversé la Manche, par Charles Fontaine, 1 vol. in-8°, illustré de 74 gravures, à la Librairie Aéronautique, 32, rue Madame, Paris ; librairie qui a déjà édité, au printemps dernier, le beau volume de notre Conciliation : « Pour l'Aviation ».

minute en minute des autos arrivent. Il y a bientôt quelques centaines de personnes. Cela me gêne un peu. J'aurais tant voulu être seul !

« Nous décidons, Leblanc et moi, qu'un essai préliminaire va avoir lieu. On range la foule tant bien que mal. L'appareil s'élève aisément. La surcharge du cylindre d'air n'en diminue que faiblement la puissance. J'ai une hélice nouvelle qui tire dans la perfection. Je reste une dizaine de minutes dans les airs, agréablement surpris de constater un petit vent frais qui vient de la terre, un vent de marée qui me poussera vers la Manche.

« Tout est prêt. Fidèle au règlement, j'attends le lever du soleil. Leblanc bientôt m'indique que le disque est apparent au moyen d'un fanion qu'il agite sur la dune. C'est le signal. Une toute petite émotion s'empare de moi au moment où je prends place dans l'appareil. Je me dis : Que va-t-il arriver? Irai-je jusqu'à Douvres ?

« Réflexions rapides, fugitives, qui ne durent pas heureusement. Je ne pense plus maintenant qu'à mon appareil, au moteur, à l'hélice. Tout est en mouvement, tout vibre. Au signal, les ouvriers lâchent l'appareil. Me voilà soulevé.

« Je pique droit devant moi, m'élève progressivement de mètre en mètre ; je franchis la dune d'où Leblanc m'envoie ses souhaits.

Je suis à présent au-dessus de la mer, laissant à ma droite le contre-torpilleur dont la fumée opaque obscurcit le soleil. Dieu ! si tout à coup on allait m'objecter que Phébus n'est pas au premier tiers de sa course ! . . . . . .

« Je vais, je vais tranquillement, sans aucune émotion, sans aucune impression réelle. Il me semble être en ballon. L'absence de tout vent me permet de ne faire agir aucune commande de gouvernail ou de gauchissement. Si je pouvais bloquer ces commandes, je pourrais mettre les deux mains dans les poches.

« Il me semble ne pas aller vite. Cela tient, je crois, à l'uniformité de la mer. Au-dessus de la terre, les maisons, les bois, les routes apparaissent et disparaissent comme dans un rêve. Au-dessus de l'eau, la vague, la même vague, semble-t-il, se présente toujours à la vue. . . . .

« Je suis content de mon appareil. Sa stabilité est parfaite. Et le moteur, quelle merveille ! Ah ! mon brave Anzani, il ne bronche pas !

« Mais j'avais mangé mon pain blanc dans la première demi-heure. Ne voulant pas retarder ma marche, j'avais fait mon deuil de l'*Escopette* et je n'avais plus de guide. Tant pis. Advienne que pourra ! Pendant une dizaine de minutes, je suis resté seul, isolé, perdu au milieu de la mer immense, ne voyant aucun point à l'horizon, ne percevant aucun bateau. Ce calme, troublé seulement par le ronflement du moteur, fut un charme dangereux dont je me rendis fort bien compte. Aussi j'avais les yeux fixés sur le distributeur d'huile et sur le niveau de consommation d'essence.

« Ces dix minutes me parurent longues et vraiment je fus heureux d'apercevoir vers l'est une ligne grise qui se détachait de la mer et qui grossissait à vue d'œil. Nul doute, c'était la côte anglaise. J'étais presque sauvé.

« Je me dirige aussitôt vers cette montagne blanche. Mais le vent et la brume me prennent. Je dois lutter avec mes mains, avec mes yeux. Heureusement, mon appareil obéit docilement à ma pensée. Je le dirige vers la falaise et cependant je ne vois pas Douvres ? Ah ! Diable ! où suis-je donc ?

« Trois bateaux s'offrent à ma vue. Des remorqueurs, des paquebots ? Peu importe ! Ils paraissent se diriger vers un port : Douvres sans doute, et je les suis tranquillement. Des marins, des matelots m'envoient des hourras enthousiastes. J'ai presque envie de leur demander la route de Douvres. Hélas, je ne parle pas anglais.

« Je longe, nonobstant, la falaise du nord au sud, mais le vent contre lequel je lutte maintenant reprend de plus belle. Soudain au bord d'une anfractuosité qui se dessine sur la côte, j'aperçois un homme qui agite désespément un drapeau tricolore et qui s'égosille seul dans la grande plaine à crier : Bravo ! bravo !

« Je me souviens alors de votre lettre, mon bon Fontaine, et je m'écrie transporté : Ah ! le brave garçon !

« Une joie folle s'empare alors de moi. Je ne me dirige pas, je me précipite plutôt vers la terre où vous m'appelez et j'en éprouve une douce émotion.

« Il s'agit maintenant d'atterrir ; mais le remous est violent et dès que j'approche du sol, un tourbillon me soulève. La lutte dure peu cependant, car je ne puis rester plus longtemps dans les airs : je venais de franchir 43 kilomètres environ en une demi-heure. C'était suffisant. Aussi, au risque de tout casser, je coupe l'allumage à 20 mètres de hauteur. Et maintenant, au petit bonheur ! Le châssis se reçoit plutôt mal ; l'hélice est endommagée, mais, ma foi, tant pis : *j'avais traversé la Manche !*

L. BLÉRIOT.

Causes et conséquences de la victoire de Blériot

La traversée de la Manche par Blériot est un fait historique. Non pas que l'héroïque aventure de l'aviateur français marque la fin des difficultés ou un progrès technique décisif, mais elle a une portée symbolique : c'est un défi de la nature enfin relevé. De tous les exploits dont l'aviation était capable, il n'en était aucun qui dût à ce point provoquer l'enthousiasme et la confiance et manifester, aux yeux de tous, la grandeur des progrès accomplis. Si le rêve d'imiter l'oiseau a hanté l'esprit de l'homme dès l'origine et peuplé ses légendes, voler sur la mer c'est la légende des légendes. La mer Egée a vu sombrer l'audace d'Icare. Les antiques *Sagas* abondent en merveilleuses histoires de manteaux de plumes qu'endossaient les vierges d'Islande pour s'élancer au-dessus de l'océan brumeux : comme si les rudes Wikings, dans leur bataille incessante contre le flot, eussent caressé l'espoir de lui échapper un jour. Une de ces légendes, celle du jeune prince que ses ailes artificielles emportent à travers la mer du Nord vers sa fiancée, et que dévore un corbeau monstrueux, circule encore parmi les peuples scandinaves, avec son refrain :

C'est ainsi qu'il vole par-dessus la mer.

La légende est aujourd'hui une réalité. Sans doute, le manteau de plumes qu'a tissé l'industrie moderne est un peu lourd et encombrant ; car, si réduit que soit le monoplan Blériot, il mesure encore 8^{m},60 de large, pèse deux cent sept kilogrammes et exige un invisible attelage de 25 chevaux. Mais, avec cet attelage, il a traversé la Manche et pour la première fois, depuis que l'homme existe, on peut répéter, en le lui appliquant, le vers du vieux poème islandais :

C'est ainsi qu'il vole par-dessus la mer.

Par une heureuse fortune, celui dont le nom restera attaché à ce grand évènement n'est pas seulement un sportsman audacieux. Par ses propres recherches, il a préparé et mérité sa victoire. Il est un de ceux qui, dans ces dernières années, ont pris la part la plus active et la plus utile à la réalisation du plus lourd que l'air. Essayons de préciser brièvement ce qu'il a fait, les raisons de sa réussite et les indications qu'on en peut tirer pour l'avenir.

Il y a dix ans, alors que l'aviation était à peu près abandonnée en France et que ses propagandistes Ferber, Archdeacon, Deutsch de la Meurthe prêchaient dans le désert, Blériot essayait déjà un appareil à ailes battantes. Mais il abandonnait bien vite ce système pour se consacrer exclusivement à l'aéroplane, et surtout à l'aéroplane monoplan. C'est donc dix années d'efforts ininterrompus, de tentatives périlleuses, de recherches ingénieuses et infatigables, que la gloire récompense aujourd'hui. Pourquoi s'est-elle fait attendre si longtemps ? Il est facile de le comprendre.

A l'époque où Blériot esquissait ses premiers essais, deux méthodes se partageaient les aviateurs. La plus moderne, la méthode du vol plané inaugurée par Lilienthal, consistait en de longues glissades aériennes effectuées sans moteur contre le vent, et qui avaient pour but de construire un appareil bon planeur, bien équilibré et d'en apprendre la manœuvre. L'appareil une fois bien réglé, il restait à le munir d'un moteur suffisamment léger et puissant. Pour que cette méthode fût efficace, il fallait que le planeur pût s'enlever avec son pilote par un vent qui ne fût pas excessif, autrement dit, qu'il eût une vaste surface portante : condition que le biplan permet de réaliser plus commodément que le monoplan. Les disciples de Lilienthal devaient donc adopter le biplan. C'est cette école qui, avec les Wright, a abouti la première au succès ; par suite, c'est le biplan qui a été mis au point le premier.

L'autre méthode plus ancienne, celle d'Ader, de Maxim, de Lengley, s'attaquait immédiatement à l'appareil volant, muni de son moteur. Elle conduisait naturellement au type d'aéroplane le plus simple, offrant à l'air le moins de résistances parasites, à savoir le monoplan. Mais cette méthode, plus directe que la précédente, se heurtait à une grave difficulté, d'autant plus grave que le modèle à essayer était plus nouveau : c'est sur un appareil encore mal réglé que le pilote devait prendre son vol, faire son apprentissage, chercher et maintenir par des manœuvres tâtonnantes l'orientation correcte de l'oiseau artificiel. Là réside la véritable cause de l'échec d'Ader et de Lengley. Or, c'est à leur lignée que se rattache directement Blériot, ainsi d'ailleurs que tous les monoplanistes français. Blériot n'a point passé par la longue et prudente école du vol plané. Il devait donc rencontrer les mêmes difficultés que ses devanciers, risquer des chutes nombreuses, surtout dans les virages, avant de parvenir à un appareil bien équilibré qu'il sût gouverner.

A la fin de l'année dernière, malgré ses efforts, malgré ceux d'Esnault-Pelterie et de Levavasseur, l'opinion générale était que le monoplan, essentiellement instable, ne serait jamais une forme maniable du plus lourd que l'air.

Cette opinion, contre laquelle s'élevait d'ailleurs W. Wright, était mal fondée. Il eût fallu, avant de conclure, comparer les essais du monoplan aux expériences de vols planés poursuivies *sans moteur* pendant des années par Chanute, Wright et d'autres, et d'où étaient sortis le biplan Wright et le biplan Voisin. La meilleure preuve que le monoplan n'était pas un Pégase indomptable, c'est que le 6 juillet 1908, avant les expériences publiques des Wright, Blériot avait volé 9 minutes à Issy-les-Moulineaux, virant huit fois avec sûreté par un vent violent : un arrêt malencontreux du moteur avait seul empêché de gagner, ce jour-là, le prix du quart d'heure. L'appareil s'étant trouvé endommagé, Blériot, pour confondre les détracteurs du monoplan, n'avait qu'à le reconstruire sans modifications et à recommencer. Mais c'était mal connaître son imagination inventive toujours en éveil et son activité réalisatrice. Son dernier monoplan ne lui ayant pas donné toute satisfaction à la manœuvre, il voulut faire mieux. La diversité des types d'appareils et d'hélices qu'il a construits et essayés, des perfectionnements qu'il a tentés au cours de ses recherches est incroyable. Quand on se représente le réglage minutieux qu'exige la moindre modification, on reste étonné d'un tel labeur.

On a comparé ces tâtonnements si variés, mais un peu fébriles, ces brusques changements de conceptions, à la méthode sévère, persévérante et continue de W. Wright. Tout en admirant l'activité de Blériot, on lui reprochait d'être désordonnée. Il faut laisser de tels inventeurs suivre leur nature. Si Blériot avait eu un autre tempérament, il n'est pas sûr qu'il eût abouti plus vite à un résultat aussi complet, mais il est certain qu'il n'eût pas affronté la traversée de la Manche dans les conditions où il l'a tentée.

Au cours du printemps dernier, Blériot achevait enfin plusieurs monoplans d'échelles très différentes, dont la stabilité et la manœuvre lui donnaient satisfaction. Le plus remarquable était l'appareil de petites dimensions (8m,50 d'envergure, 13 mètres carrés de surface portante), qui allait traverser la Manche. Si on excepte la *Demoiselle* de Santos-Dumont qui n'avait réussi jusqu'alors que quelques vols courts en ligne droite, c'est le plus léger et le plus petit des appareils volants qu'on ait encore construits. Vers la même époque, Levavasseur mettait au point son monoplan *Antoinette*, sur lequel Latham effectuait de sensationnelles envolées. Le monoplan était dès lors, pour le biplan, un rival redoutable. La popularité lui venait : Blériot couvrait l'étape Etampes-Orléans ; Latham s'inscrivait pour la traversée de la Manche. L'école de Wright, représentée par de Lambert, relevait le défi. Après le premier échec de Latham, Blériot décidait, lui aussi, de tenter l'épreuve.

Quelles étaient les difficultés de l'entreprise? C'étaient, en outre d'un arrêt possible du moteur, les courants d'air du Pas-de-Calais et les remous atmosphériques au voisinage des falaises. Ces remous étaient surtout redoutables à l'atterrissage, dont on ne peut choisir l'instant et qu'il fallait affronter sans essais préalables. Des trois appareils en présence, lequel avait le plus de chances de surmonter ces difficultés ?

L'appareil Wright est bien connu. On sait que, muni d'un moteur de 25 chevaux, il vole à une allure de 60 kilomètres à l'heure. Entièrement dénué d'organes de stabilisation, il est très docile à la manœuvre. Le gouvernail horizontal placé à l'avant est très efficace, mais toute faute dans le maniement de ce gouvernail est dangereux. D'ailleurs, après l'échec de Latham et une chute au cours de ses essais sur les falaises, de Lambert renonçait provisoirement à la traversée.

Le monoplan Blériot, beaucoup plus léger

que le Wright, lui est tout à fait comparable pour la vitesse et la puissance du moteur, mais, grâce à ses dimensions restreintes, il prête encore beaucoup moins prise aux remous. Ses organes de stabilisation sont extrêmement réduits, mais suffisants en air calme : ce sont, un peu à l'arrière, une petite quille prolongée par le gouvernail vertical et une courte queue horizontale qui sert, en même temps, de gouvernail de profondeur. Ce gouvernail, ainsi placé, est moins efficace qu'à l'avant, mais beaucoup plus sûr, et la faible inertie du monoplan, sa petite envergure, le rendent très obéissant à la manœuvre. Les trois commandes qui agissent sur l'orientation de l'appareil sont réunies sous la main du pilote, dans un dispositif en *cloche* très commode, et correspondent aux mouvements instinctifs que chaque perturbation inspire à l'aviateur. D'où une justesse et une rapidité remarquables dans les répliques que celui-ci oppose aux caprices du vent. Ces qualités ont permis au monoplan Blériot d'affronter victorieusement les remous violents qui l'ont assailli devant les falaises de Douvres, le faisant tournoyer plusieurs fois avant l'atterrissage.

Quant au monoplan Antoinette, qui a tenté deux fois le passage du détroit, il était un peu plus rapide que le Blériot, mais cet avantage

QUELQUES-UNS DES APPAREILS DE BLÉRIOT

Le Blériot N° IV *ter* (Novembre 1905)

Le Blériot N° XII
Eliminatoires françaises de la coupe Gordon-Bennett.

Traversée de la Manche par Blériot (25 Juillet 1909)

était acheté par une dépense double de puissance motrice. C'est le plus vaste des aéroplanes qui ait encore volé : sa surface portante, bien que disposée sur un seul plan, est de 50 mètres carrés, comme celle du biplan Wright et du biplan Voisin. Muni d'une longue quille verticale et d'une longue queue horizontale, il est très stable automatiquement en air calme et comparable à ce point de vue au biplan cloisonné. Il s'est bien comporté à Bétheny dans un air assez troublé. Il a franchi deux fois heureusement les falaises de Sangatte ; dans sa seconde tentative, il a échoué, pour ainsi dire, au port. On peut se demander si l'étendue de sa voilure lui eût permis de résister aux rafales qui ont accueilli Blériot.

En définitive, des trois appareils qui se trouvaient en présence à Sangatte, c'est le Blériot qui semblait le mieux fait pour triompher des difficultés de la traversée. De plus, la légèreté et la simplicité de l'appareil, son facile maniement permettaient d'abréger les préparatifs immédiats et de mieux choisir l'heure du départ. Enfin, aux qualités de l'appareil, il faut ajouter celles du pilote : son expérience, son sang-froid, son héroïsme, la rapidité de décision et d'exécution qui le caractérisent. Tout est admirable dans son aventure et porte la marque de ces qualités : le peu de temps qui s'écoule entre le moment où il s'installe au bord de la Manche et celui où il la traverse, les précautions de sécurité réduites au-delà de ce qu'exigeait la prudence. Cette entreprise, où sa vie était en jeu, a quelque chose d'improvisé. Sa victoire est bien une victoire du tempérament français.

Faut-il conclure de là qu'aucun de ses concurrents ne devait réussir ? Je suis bien loin de le penser. J'estime, au contraire, que tous les aéroplanes qui ont fait leurs preuves peuvent dès maintenant, conduits par un pilote habile et moyennant des chances heureuses, franchir le Pas-de-Calais. Avant cinq ans, d'ailleurs, l'acte de Blériot, aujourd'hui héroïque, sera banal : automobiles volantes, des monoplans, des biplans, capables de flotter et de s'envoler sur la mer transporteront quotidiennement des passagers par-dessus le détroit. Existera-t-il un jour de véritables transatlantiques aériens, dont l'étendue neutralisera les remous accidentels de l'air ? Il n'est nullement absurbe de l'espérer : mais la construction et la manœuvre de ces oiseaux géants exigeront des années et des années de recherches et d'études. Quoi qu'il en soit, l'histoire de l'aéroplane sur la mer sera grandiose, et c'est Blériot qui en a écrit le premier chapitre.

L'impression produite par la traversée de la Manche a été si forte qu'elle devait fatalement provoquer, dans les appréciations techniques, des revirements excessifs. On a parlé de la défaite du biplan. La veille du concours de Bétheny, le monoplan, si décrié trois mois plus tôt, était grand favori. « Voilà, disait-on, le véritable oiseau : élégant, léger et rapide, il devait laisser bien loin derrière lui le lourd biplan. »

En réalité, plus on approfondit le problème de l'aviation, et plus s'efface la différence essentielle que certains esprits persistent à maintenir entre monoplans et biplans. Les qualités d'un aéroplane dépendent avant tout de certains éléments tels que le poids, la surface de voilure, la poussée de l'hélice, la puissance du moteur, la résistance de l'esquif et des supports, ou mieux de certains rapports entre ces éléments ; la répartition de la surface portante en un plan ou en deux plans n'intervient qu'en seconde ligne, et surtout dans les questions d'encombrement et de commodité de construction. Si les raisons simplistes qui ont eu tant de crédit ces dernières semaines étaient vraies, le monoplan Blériot qui a traversé la Manche devrait, à moteur égal, aller notablement plus vite que le Wright, car il est bien plus léger, et ne présente point, comme le biplan, de nombreuses entretoises qui résistent à l'air. Or, les vitesses des deux appareils étaient comme nous l'avons dit, à peu près égales. C'est que la surface portante du Blériot dépasse à peine le quart de celle du Wright. Or, plus la voilure d'un appareil donné est restreinte, plus elle doit se cabrer pour soutenir l'appareil, d'où un accroissement des résistances à l'avancement qui peut compenser, et au delà, ce qu'on a gagné d'autre part.

Il n'est donc pas extraordinaire qu'à Bétheny, le monoplan Blériot, bien que muni là d'un moteur de 80 chevaux, n'ait pas triomphé haut la main dans les épreuves de vitesse, et qu'il ait dû, après une lutte acharnée, abandonner la coupe Gordon-Bennett au biplan Curtiss, dont le moteur n'était que de 35 chevaux, mais dont la voilure était double de la sienne. Le glorieux oiseau n'avait d'ailleurs pas besoin de ce nouveau trophée. Le monument qui s'élèvera dans la fente des falaises de Douvres où aboutit son périlleux voyage, attestera à travers les âges que, par lui, l'homme a remporté sur les éléments une nouvelle victoire.

Paul PAINLEVÉ,
Membre de l'Institut.

La Grande Semaine de Reims

❧ ❧ ❧ ❧

Le journal de M. Paul Rousseau

La traversée de la Manche par Blériot.

Le départ de LATHAM à Sangatte.

La Grande Semaine

Les faits parlent

o o o

Aux incrédules les faits répondent, dans le domaine de la locomotion aérienne plus encore que dans le domaine de l'arbitrage, avec l'éclat et la rapidité de la foudre.

Bornons-nous à exposer ces faits, à les rappeler plutôt, car tout le monde les connaît.

Blériot a traversé la Manche ; partout au Mans, à Pau, à Douai, à Vichy, à Boulogne, à Reims, à Paris, en Italie, en Belgique, en Danemark, en Allemagne, en Autriche, en Hongrie, en Roumanie, en Angleterre, en

Amérique des concours d'aviation ont eu lieu ou s'organisent ; les expériences d'hier sont les triomphes d'aujourd'hui. C'est en vain que de lamentables deuils ont été la rançon de ces victoires, la confiance est née, rien ne pourra plus l'ébranler.

Pour résumer l'un des plus impressionnants parmi ces triomphes, nous avons pris le parti le plus simple et le plus sûr en choisissant le compte rendu de M. Paul Rousseau, correspondant spécial du *Temps*, qui nous a paru le plus attrayant et le plus fidèle de la semaine de Reims ; ce compte rendu a été publié au jour le jour, heure par heure ; c'est la vie même et cependant l'admiration dont il déborde est encore faible auprès de l'enthousiasme dont sont revenus pénétrés tous ceux qui ont assisté à ces journées inoubliables.

Les préparatifs

◆ ◆ ◆

Dès longtemps les préparatifs avaient commencé ; prenons-les seulement à la veille de la Grande Semaine qui s'ouvrit le dimanche 22 Août.

Le jeudi 19 le correspondant du *Temps* écrit :

Reims, 19 août.

Trois aéroplanes ont volé ensemble à Bétheny. Telle est la nouvelle qui dans la soirée s'est répandue dans Reims. Elle y a causé un joyeux émoi. Au cours des essais, qui avaient eu lieu le matin ou dans la soirée, on avait assisté seulement à quelques envolées isolées. Nous avons vu aujourd'hui un spectacle de toute beauté, qui nous fait présager de fortes émotions et de nouvelles sensations pour les grandes journées qui se préparent.

Incertain dans la matinée, le temps couvert et lourd durant l'après-midi est devenu plus calme et plus frais vers le soir. La foule était venue nombreuse. Cinq à six mille personnes environ avaient envahi le champ d'expérience, au grand désespoir des organisateurs qui ne seront en possession d'un service d'ordre suffisant que dimanche prochain. Les concurrents, toute la journée durant, finissaient les montages de leurs appareils, essayaient leurs moteurs. C'étaient de temps en temps les éclats répétés et bruyants des échappements libres, qui, de hangar en hangar, attiraient les curieux.

Le premier concurrent qui se décida à partir vers le soir, il était alors six heures cinquante, fut le comte de Lambert. Avec facilité, pendant onze minutes, il tint l'atmosphère, évoluant vers Witry-lez-Reims pour revenir atterrir à son point de départ, acclamé par la foule.

Après lui, Paul Tissandier s'éleva à son tour et fit plusieurs essais de vitesse sur une base de 500 mètres. Et il volait depuis huit minutes lorsque Glenn Curtiss, l'aviateur américain, partit à son tour quittant la terre après soixante mètres à peine de lancée sur ses roues, très rapidement. Et les deux appareils évoluaient ensemble lorsque tout à coup, René Demanest, sur son monoplan, participa, lui aussi, au vol.

Nous eûmes alors dans le ciel gris, que striaient quelques nuages oranges, la vision inconnue des trois grands volateurs artificiels : les deux biplans blancs de Curtiss, de Tissandier, le grand oiseau jaune de René Demanest qui planaient ensemble, tandis que devenue silencieuse la foule admirait. Mais Paul Tissandier gagna le large, fuit vers

Bétheny tandis que Glenn Curtiss évoluait près du poteau de départ et que René Demanest revenait très rapidement atterrir.

L'impression faite par l'aviateur américain fut très vive. Il possède certainement un appareil excessivement rapide, et s'il peut tenir les 20 kilomètres de la Coupe Gordon-Bennett, ce sera le plus dangereux concurrent de cette épreuve.

Quant à Paul Tissandier, dans le jour qui finissait, on l'avait perdu de vue, et ce n'est qu'après vingt-huit minutes de vol qu'il revint atterrir, ayant le premier accompli un tour complet de l'aérodrome.

La foule se décida enfin à partir. Ce fut le retour aux lanternes vers Reims, sur la route déjà encombrée, tandis que dans le fond de la plaine immense, subitement une lueur apparaissait. C'étaient les usines d'automobiles S. C. A. R. de Witry-lez-Reims, dont les dépendances sont en bordure du champ d'aviation, qui illuminaient leurs terrasses en l'honneur de l'aviation.

On a appris à Reims, non sans émotion, la nouvelle du cyclone qui, à Brescia, avait détruit presque en totalité les installations du meeting d'aviation du mois prochain. Il semble que la fatalité s'acharne sur les organisateurs de ces épreuves de l'air. Après Vichy et Reims, Brescia à son tour a connu les colères de l'atmosphère.

Nous apprenons qu'à la suite de ce cataclysme,

qui a détruit l'appareil du lieutenant Calderara, M. Michel Clémenceau, au nom de la Société « l'Ariel », dont il est administrateur délégué, a télégraphié à l'aviateur militaire italien pour mettre gracieusement à sa disposition un biplan Wright pendant la durée du meeting de Brescia. On annonce également l'arrivée lundi à Reims de l'avocat Orefici, syndic de Brescia, et de M. Arturo Mercanti, l'un des organisateurs de la grande épreuve italienne.

La grande question posée par les innombrables curieux désireux d'assister aux expériences d'aviation, où qu'elles aient lieu, est invariablement la suivante : Quel est le meilleur jour ?

A cette question il est bien difficile de répondre et c'est ce que notre correspondant explique comme il suit :

Plusieurs de nos lecteurs qui ne peuvent disposer d'une semaine entière nous ont demandé quels seraient les jours particulièrement intéressants du meeting. Il est presque impossible de répondre d'une façon formelle à pareille question, parce qu'il y a d'abord à envisager le beau et le mauvais temps. Mais ces conditions atmosphériques étant écartées, on ne saurait prévoir d'avance quel sera le jour au cours duquel sera accomplie la plus sensationnelle performance. Cependant à ceux qui disposent d'un jour seulement, nous conseillerons de venir le premier jour du meeting, après-demain dimanche. On disputera les éliminatoires françaises de la Coupe Gordon-Bennett et le grand prix de Vitesse. La lutte sera acharnée d'une part, et ensuite tous les appareils tenteront de sortir. On ne saurait en promettre autant pour le dimanche suivant, dernier jour du meeting, parce qu'il y aura probablement quelques aéroplanes de cassés. Quant à ceux qui disposeraient de trois jours, nous conseillons les trois premiers ou les trois derniers jours du meeting d'aviation. La fin de la semaine prochaine verra en effet les journées décisives du grand prix de la Champagne, épreuve de distance, du prix des Passagers, du prix de l'Altitude, du prix de la Vitesse, et enfin le samedi la Coupe internationale Gordon-Bennett.

Comme par une véritable fatalité, le temps détestable semble devoir gâter la fête et rendre impossible les expériences, alors qu'en réalité il ne les aura rendues que plus concluantes et triomphales.

Les impressions du 21 août sont assez sombres :

Reims, 21 août.

Il pleut depuis ce matin six heures. Le temps est couvert, très nuageux et cette averse ininterrompue aux gouttes fines a surpris toute une population matinale qui dès quatre heures et demie s'était rendue à Bétheny pour assister à quelques derniers essais. Il faut quand même espérer le soleil pour demain, malgré que le baromètre ait baissé, car le bureau central météorologique qui, deux fois par jour, communique télégraphiquement avec le champ d'aviation de Bétheny, annonce un temps chaud et lourd. On le désire ardemment ici. C'est en effet demain la première journée du meeting, qui durant une semaine entière va rassembler sur la grande plaine aux portes de Reims tous les hommes-oiseaux du monde entier.

Aucun, sauf les Wright, ne manque à l'appel ; les défections seront très rares. Sur trente-huit appareils engagés, quatre seulement ne seront pas prêts à partir. Le seul forfait de pilote est celui de Santos-Dumont, dont l'appareil n'est pas au point. La liste des aviateurs présents à Reims, lesquels, ont le sait, ont le droit de piloter plusieurs appareils, s'établit. Nous citons dans l'ordre des engagements : Maurice Guffroy, Laurens, Paul Tissandier, Jean Gobron, Roger Sommer, de Lambert, Glenn Curtiss, Ruchonnet, René Demanest, Hubert Latham, de Rue, Delagrange, Kluytmans, Louis Bréguet, Paulhan, Blériot, Alfred Leblanc, Eugène Lefebvre, Etienne Bunau-Varilla, Henry Rougier, Farman, Geo Cockburn, Antonio Fernandez, Sanchez Besa et

Legagneux, soit au total vingt-cinq pilotes. Il y a deux mois on en espérait à peine dix.

L'organisation de la semaine d'aviation de Champagne fut une œuvre considérable et aujourd'hui, à la veille de la première journée, on peut sans réserves louer le comité d'organisation, qui l'année dernière eut l'initiative de cette manifestation à laquelle il s'est consacré depuis six mois. On a créé une ville provisoire, qui, détruite en partie par un ouragan il y a quelques jours, a été aussitôt reconstruite. Il a fallu s'assurer la libre disposition de plus de douze cents hectares de terrain, édifier des tribunes, des buffets, des jardins. Tout a été prévu : salons de réception, bâtiments spéciaux pour le public, qui y trouvera ses commodités et ses aises. Il y a un coiffeur, un salon de cirage, des kiosques à journaux, des bureaux de tabac, une marchande de fleurs et une installation des postes, télégraphes et téléphones, la plus importante qu'on ait jamais vue pour une manifestation de ce genre, avec fils spéciaux directs pour Londres, Berlin et Paris. L'éclairage électrique est installé, et le soir, on pourra dîner en écoutant les tziganes.

Nous ne parlerons pas de l'installation sportive, celle des hangars, des pylônes, de tout un réseau télégraphique souterrain de près de vingt kilomètres de développement. C'est un effort considérable qui a été fourni.

Ajoutons enfin que 200.000 francs de prix seront distribués, que des concours spéciaux de l'Aéro-Club de France pourront être disputés au cours de la semaine, et que d'autres allocations seront offertes aux aviateurs, comme par exemple le prix de 1.000 francs, qui est offert par MM. Rayet, Liénart et Cie, fabricants des automobiles S. C. A. R., de Witry-lez-Reims, destiné au premier aviateur qui, venant des tribunes, doublera un ballon qui planera au-dessus de ces usines, qui, on le sait, sont à l'extrémité du champ d'aviation de Bétheny.

La première journée de demain dimanche sera certainement une des plus disputées du concours, non seulement à cause du prix de Vitesse de 30 kilomètres, mais surtout à cause des éliminatoires français de la Coupe Gordon-Bennett, qui qualifieront les trois aviateurs français et les trois suppléants, qui samedi prochain disputeront à l'Américain Glenn Curtiss et à l'Anglais Geo Cockburn le trophée international mis en compétition par le directeur du *New-York Herald*. La distance à parcourir pour ces éliminatoires, comme pour la coupe elle-même, est de 20 kilomètres, et les six aviateurs qui auront accompli les meilleurs temps sur la distance seront désignés. La lutte sera sans doute ouverte entre les principaux qualifiés : Roger Sommer, Paul Tissandier, Blériot, Hubert Latham, Paulhan et Legagneux que l'on cite comme outsider, avec un nouveau venu, Eugène Lefebvre, l'un des pilotes de la

Société l'« Areil », qui détient le monopole exclusif de la vente des appareils Wright. Eugène Lefebvre pilotera un de ces biplans pour la première fois.

Demain, nous allons donc voir aux prises, et régulièrement contrôlés, les monoplans et les biplans. C'est la lutte de deux écoles. Mais nous croyons bien que contrairement à l'opinion, les appareils de vitesse ne seront pas les monoplans, mais au contraire les biplans. Les chronomètres nous fixeront. En attendant, la statistique établit que sur les 34 aéroplanes restant engagés, il y a 13 monoplans et 21 biplans.

Ce soir, la municipalité de Reims offrira à neuf heures, à cause des expériences tardives, un banquet, où sont seulement invités les aviateurs et le comité d'organisation. Cette réunion marquera le commencement des fêtes du grand meeting, auquel il n'y a plus qu'à souhaiter du beau temps, car il pleut toujours.

Hier matin, entre six et sept heures, une douzaine d'aviateurs ont fait d'intéressants essais, notamment Roger Sommer, qui après deux petits vols, est allé jusqu'à Witry-lez-Reims, parcourant une douzaine de kilomètres environ, évoluant avec grande facilité.

Ont également réussi quelques vols MM. Louis Blériot, Hubert Latham, Curtiss, Demanest, de Rue, Bunau-Varilla, etc. Les vols les plus remarqués ont été ceux de Latham et de Curtiss. Quant à M. Guffroy, il a cassé son hélice en atterrissant.

Reims, 21 août, 2 h.

Le mauvais temps continue. La pluie tombe avec plus de violence que ce matin. Néanmoins, les opérations préliminaires se poursuivent. Le poinçonnage des appareils s'est passé sans incident et a pris fin à midi. On signale beaucoup d'arrivées à Reims et dans les environs.

A Londres : M. L. Blériot descend du train à la station de Victoria.

Réception de BLÉRIOT à Londres.

Réception de BLÉRIOT à Paris.

La première journée

o o o

Dimanche 22 Août

Reims, 22 août, 7 h.

Le mauvais temps semble cesser, et alors que ce matin, à cinq heures, la pluie tombait encore torrentielle, le ciel maintenant lavé a de très larges éclaircies lumineuses, tandis que le soleil se montre un peu. Mais cette amélioration durera-t-elle? Quoi qu'il en soit, nous croyons que les concurrents prendront leurs départs à partir de ce matin dix heures, à moins toutefois que les commissaires sportifs ne se résignent à annuler cette première journée faute de pouvoir en assurer l'organisation par suite de cas de force majeure, c'est-à-dire devant l'impossibilité matérielle, malgré la meilleure volonté du comité d'organisation, d'assurer tous les contrôles nécessaires. La pluie d'hier, incessante, a détrempé les champs, rendu impraticables les chemins; les automobiles ne peuvent plus rouler sur l'aérodrome; elles s'enlizent même sur les routes, et c'est comme une fatalité, après l'orage d'il y a huit jours, que ce nouveau déchaînement des éléments, qui rend momentanément impossible pour le public l'accès du champ d'aviation et de ses tribunes. Le terrain crayeux est délayé jusqu'à trente centimètres de profondeur. On glisse et on s'enfonce aux abords des constructions, qui lamentablement mouillées sont à peine accessibles, au milieu de ces lacs de boue.

Hier soir, à six heures, a eu lieu néanmoins, sous la pluie, une réunion des commissaires chargés d'assurer le contrôle sportif des épreuves. Certains, par suite de l'état des chemins, n'ont pu arriver, et l'on peut se demander aujourd'hui si chacun pourra réjoindre son poste. Dans tous les cas, le comité d'organisation ne fera rien pour inciter le public à venir, si malgré tout l'exécution sportive du programme se poursuit.

Toujours par suite du temps effroyable d'hier et de ce matin, les ouvriers charpentiers et tapissiers qui terminaient les dernières installations ont dû les abandonner pour s'abriter, et personne n'a travaillé hier. Le buffet, qui est terminé mais qui n'a pu agencer ses tables, a seulement donné asile hier à une armée de plus de cent garçons qui attendaient stoïquement sous la pluie. Quant à tous les employés qui logent ou campent aux environs des tribunes, c'est dans un marécage qu'ils ont dû séjourner.

Dans les hangars, les appareils des concurrents ont été bien abrités. Escomptant des départs possibles aujourd'hui quand même, la plupart des pilotes, très prévoyants, ont travaillé pendant la journée d'hier et même cette nuit pour assurer la protection de leurs moteurs, surtout de leurs magnetos, contre la pluie.

A Reims, on est désolé de ce désastre atmosphérique. Beaucoup de curieux ont remis leur voyage, mais néanmoins tous les trains d'hier soir, dont la plupart avaient été dédoublés, sont arrivés bondés de monde. Toute la nuit, les automobiles ont circulé à travers la ville, leurs propriétaires cherchant chacun son logement, tandis que de nombreux groupes de voyageurs plus modestes, qui débarquent de la gare ou du chemin de fer départemental, subissaient l'averse, déambulant à pied, cherchant eux aussi un asile. On a trouvé du reste très facilement à se loger et beaucoup de chambres sont encore disponibles.

Bétheny, 22 août, midi.

Le temps s'est lavé ce matin vers neuf heures et le premier départ a été donné aux concurrents à dix heures.

Hubert Latham était le premier désigné pour partir ; mais il préfère s'abstenir.

Après lui, Guffroy, sur son monoplan, a essayé sans succès de prendre le départ.

Plus heureux que lui, sur son biplan Wright, Paul Tissandier s'est envolé, passant derrière les hangars; pris par un remous il a été obligé d'atterrir.

C'a été ensuite au tour de Blériot qui a pris superbement le départ dans un vent assez fort; après avoir doublé correctement le premier pylône, l'appareil a atterri au milieu du champ d'aviation.

Hubert Latham, à son tour, est sorti, a franchi la ligne de départ, mais s'est aussi arrêté peu après.

L'état, très mauvais, des chemins, a empêché le public de venir; mais il y a quand même des curieux; à midi, le ciel était de nouveau sombre et la pluie menaçait.

Bétheny, 1 heure.

Lefebvre aviateur français, qui a appris seul à se servir du biplan Wright, vient d'effectuer un vol superbe de dix-neuf kilomètres environ. Obligé d'atterrir à six cents mètres du poteau, il a été très applaudi, car le vent était irrégulier par rafales.

Lefebvre pilotait un appareil de la Société l'Ariel. Il se qualifie ainsi probablement pour la Coupe Gordon-Bennett.

Bétheny-Aviation, 23 août, 8 h.

100,000 personnes ont assisté hier dans les plaines de Bétheny, au plus extraordinaire des spectacles qu'il ait été donné au monde de voir jamais. Dans l'atmosphère conquise, on a vu évoluer ensemble six aéroplanes; dix autres ensuite ont à leur tour pris leur envolée, et pendant les deux heures qui précédèrent la fin du jour, le ciel a été sillonné de machines volantes. Visions uniques et inoubliables, sensations d'étonnement, de joie, d'esthétique et de beauté, rien ne nous a manqué. On se demande aujourd'hui si hier était bien une réalité. Mais déjà les hommes volants d'hier se chargent de nous répondre, puisqu'ils se préparent à nous étonner à nouveau dans quelques heures.

La journée avait commencé triste, grise, sous la pluie; elle a fini claire et gaie, et le soleil, quand il s'est couché derrière les tribunes, a doré les derniers aéroplanes qui volaient. Nous avons eu toutes les sensations. Le matin d'abord, lorsque Lefebvre, téméraire qui pilotait un biplan Wright, n'a pas hésité à se lancer malgré un vent, qui constaté officiellement au cours de son vol, a atteint une vitesse de 9 mètres à la seconde. Après lui, Blériot a aussi pris son envolée dans le vent, qui très violent encore, le forçait à revenir vers la terre. Mais tous deux avaient accompli le parcours nécessaire pour se qualifier en tête des représentants de la France dans la Coupe Gordon-Bennett internationale qui se disputera samedi. Hubert Latham, lui aussi, avait réussi à prendre le départ avec ses camarades; mais plus tôt vaincu par le vent, l'appareil ne put couvrir le minimum de la distance de 10 kilomètres qui était imposée.

Comme on avait affiché dans Reims que l'on ne volait pas au champ d'aviation, le public était venu peu nombreux le matin. Il n'en fut pas de même l'après-midi. Les curieux affluèrent, envahissant les enceintes populaires, mais les tribunes se garnissaient moins vite. Les trains spéciaux se succédaient et débarquaient des milliers de visiteurs tandis que tout autour du circuit des groupes se formaient, s'accusaient, et que sur l'énorme périmètre de 16 kilomètres que comporte le champ d'aviation, peu d'espace restait libre. Facilement maintenue aux tribunes la foule grouillante aux places populaires devint quelque peu menaçante vers cinq heures du soir; les barrières furent même brisées, mais le service d'ordre, supérieurement organisé par le général Valabrègue, aidé du lieutenant-colonel Geoffroy, eut vite raison de cette manifestation.

Deux pelotons de dragons de la réserve partirent au galop vers le point menacé et forcèrent les spectateurs à rentrer dans les enceintes qui leur étaient assignées. Ce fut le seul incident de la journée, d'ailleurs vite réprimé. Des nuages noirs traversaient le ciel à ce moment; ils crevèrent juste au-dessus des tribunes et une averse abondante arrosa les spectateurs dont pas un ne bougea, car le soleil se montrait dans une éclaircie et on annonçait au mât des signaux que les aviateurs allaient sortir.

Le vent tomba subitement comme pour favoriser

Latham, Paulhan et Farman à Reims.

Blériot battant le record de la vitesse à Reims.

les essais, et l'anémomètre officiel n'enregistra du reste depuis cinq heures quarante-cinq du soir, heure à laquelle s'enleva, le premier, Latham, que des vitesses qui ne dépassaient pas deux mètres à la seconde. Ce fut alors le spectacle inoubliable, pendant plus d'une heure, des exclamations des cinquante mille spectateurs des places populaires et des tribunes qui acclamaient les biplans et les monoplans qui évoluaient.

Latham, le premier, prit son envolée, et gracieux, majestueux, passa à trente mètres d'altitude devant les tribunes. Mais au même moment de Lambert part à son tour, puis Sommer, Cockburn, Delagrange et Fournier. En moins de dix minutes, six appareils se profilent dans le ciel, s'en allant au loin, là-bas, vers Witry-lez-Reims, tandis qu'un immense arc-en-ciel monte en face des tribunes. C'est alors l'enthousiasme indescriptible. Des places populaires on crie, on acclame. Aux tribunes, on applaudit, on agite les mouchoirs, on se félicite; les gens s'interpellent, joyeux. Tous les mauvais moments précédents sont oubliés; on ne pense plus au cyclone d'il y a quinze jours, à la journée lamentable et pluvieuse d'hier. C'est le triomphe, et l'on pourrait ne plus voler ni aujourd'hui ni demain, ni aucun jour encore de la semaine, que cet inoubliable début suffirait.

Mais les hommes-oiseaux ne s'arrêtent point. Voici encore Paulhan, Sommer, de Rue qui ne peut s'envoler, Guffroy aussi qui essaye en vain de dant la semaine d'aviation, les commissaires sportifs ont fait afficher le communiqué suivant qui résume les résultats de la journée :

RÉSULTATS DU 22 AOUT

Prix de Vitesse. — Tissandier, 28 m. 59 s. 1/5 : de Lambert, 29 m. 2 s. ; Lefebvre, 29 m. 2 s. 1/5 ; Paulhan, 22 m. 49 s. 4/5 ; Sommer, 1 h. 19 m. 33 s.

Eliminatoires Gordon-Bennett. — Lefebvre, premier qualifié ; Blériot, deuxième qualifié ; Latham, 18 m. 33 s. ; Tissandier, 19 m. 26 s. 1/5 ; Latham, 19 m. 44 s. 1/5 ; Paulhan, 21 m. 45 s. ; Sommer, 23 m. 22 s. 3/5.

Dans la matinée, M. Lefebvre a couvert un tour de piste en 8 m. 58 s. 4/5, battant le record du monde de M. Tissandier, qui était de 10 m. 46 s., et celui de la vitesse détenu par M. Tissandier, qui était de 55 kil. 830 à l'heure avec 66 kilom. 815 à l'heure par M. Lefebvre.

On remarquera avec plaisir que les seuls aviateurs qui se sont qualifiés hier, à part M. de Lambert qui est de nationalité russe, sont tous Français. On verra aussi que les deux premiers qualifiés, M. Lefebvre, l'habile pilote de l'*Ariel*, et M. Paul Tissandier, ont remporté leurs victoires sur des biplans Wright. Ceci confirme ce que nous écrivions il y a quelques jours au sujet de la lutte entre les biplans et les monoplans. Il faut aussi ne pas oublier de dire l'étonnante maestria et le brio dont fit preuve Lefebvre. Après avoir accompli les trente kilomètres du prix de la Vitesse, il effectua devant le public enthousiasmé une série de virages dans tous les sens qui certainement dépassent comme habileté ce que l'on a vu faire à Wilbur Wright, jusqu'ici le maître du genre.

Dans la soirée, très tard, nous avons pu joindre M. de Polignac, président du comité d'organisation des épreuves de Champagne, qui après avoir été à la peine est maintenant à l'honneur. Nous avons demandé à M. de Polignac ses impressions.

— Je crois inutile de vous dire l'enthousiasme que j'éprouve comme tous pour le merveilleux spectacle que nous avons vu. Nous n'osions espérer autant et nous sommes tous, mes collaborateurs et moi, récompensés au delà de nos peines. Le mauvais temps des derniers jours ne nous a pas permis de parer à certains petits détails d'organisation non encore au point; mais ce sera fini demain et nous espérons que tous ceux qui viendront à Bétheny cette semaine seront satisfaits,

Ajoutons que dès hier soir une partie des tribunes était éclairée à l'électricité et que l'on a dîné jusqu'à dix heures du soir aux sons d'un orchestre de tziganes. Disons aussi que tout Paris était là et enfin, une dernière fois, que ce fut une inoubliable journée.

La deuxième journée

o o o

Lundi 23 Août

Reims, 24 août.

La foule, moins nombreuse que la veille, mais que l'on peut estimer cependant à plus de cinquante mille personnes, a encerclé hier encore le champ d'aviation de Bétheny. Les hommes-oiseaux y ont renouvelé des prouesses. Le temps a été admirable et nous avons pu voir dans la matinée — spectacle qui fut réservé à la minorité — le *Colonel-Renard*, qui arrivait de Meaux, évoluer avec facilité au-dessus de l'Aéropolis moderne, comme si l'aéronat, plus léger que l'air, venait saluer courtoisement, avant que de concourir avec eux, les aéroplanes plus lourds que l'air, engins nouveaux de la locomotion aérienne.

Les triomphateurs de la journée furent : Curtiss, Américain, étonnant de vitesse; Paulhan, qui pendant 56 kilomètres plana à trente mètres de hauteur, décrivant cinq immenses orbes pour s'arrêter ensuite, mais restant toutefois qualifié prendre un départ, cependant que ceux qui tiennent l'air continuent régulièrement à parcourir le tracé de l'immense piste de 10 kilomètres, les uns pour se qualifier encore pour la Coupe Gordon-Bennett, les autres qui concourent pour le prix de la vitesse de 30 kilomètres. A six heures cinquante, le dernier départ était donné, et à sept heures et demie les derniers vols se terminaient. Hubert Latham était resté le dernier dans l'atmosphère, pilotant un second appareil ; mais une panne de moteur l'arrêtait près d'un pylône extrême à 3 kilomètres 500 du départ, et tandis qu'il revenait aux tribunes sur un cheval de dragons, ses hommes d'équipe partaient pour ramener son monoplan immobilisé.

Satisfait, le public partit. Mais on devine quel encombrement fut celui des routes et celui de la gare spéciale du Fresnoy-Aviation. Néanmoins les retours à Reims furent assurés assez rapidement par le chemin de fer. Quant aux théories d'attelages de toutes sortes, longtemps dans la nuit elles se déroulèrent sur toutes les routes avoisinantes, les phares d'automobiles piquant leurs clartés lumineuses sur la plaine immense.

La soirée à Reims fut très animée. Les hôtels, naturellement, regorgeaient de monde. On dînait partout en plein air. Les principaux monuments et de très nombreuses maisons étaient décorés et illuminés. A onze heures du soir, à la chambre de commerce, spécialement affectée à la presse penen tête pour le Grand-Prix de Champagne. Après lui, Lefebvre s'inscrivit second avec 21 kilomètres. Le pilote de l'Ariel est capable de mieux faire. Mais l'impression la plus forte a été celle produite par l'aviateur américain, qui sur un biplan de surface plutôt réduite (c'est, croyons-nous, le plus petit de tous les engagés) a couvert un tour de piste, soit 10 kilomètres en 8 m. 35 s. 3/5, ce qui représente 70 kilomètres à l'heure.

Le temps était clair. Tandis qu'au lointain Reims apparaissait dans un panorama lumineux, les spectateurs privilégiés qui étaient au centre de la piste ont eu cette vision de l'aéroplane blanc de Curtiss qui se détachait sur le ciel bleu, et qui à l'horizon semblait planer au-dessus des découpures de la cathédrale de Reims qu'il dominait dans son vol. Lorsque l'artiste qui grava pour le comité d'organisation des épreuves de la Champagne un timbre spécial qui n'est autre chose que ce tableau vécu, il ne se doutait probablement pas que sa conception serait réalisée un jour.

Nous avons eu d'autres sensations : celle de voir aussi, vers Witry-lez-Reims, la lutte de Tissandier avec un train de voyageurs. Le train semblait ramper sur terre, tandis que l'aviateur plus rapide, s'en allant souple et régulier, le dépassait dans le ciel.

Avec le beau temps revenu, les quelques flottements du début dans l'organisation générale ont complètement disparu. L'installation des tribunes

LATHAM à Reims.

PAULHAN à Reims.

et du buffet est complètement terminée. On déjeune et l'on peut dîner en regardant voler les aéroplanes, et l'on commence déjà à trouver cela tout naturel. Quand on y réfléchit un instant, c'est pourtant extraordinairement nouveau ; mais tout n'est-il pas étrange et fait ici pour nous étonner? Témoin cette remarque que nous faisions hier. Lorsqu'un des concurrents s'élevait seulement par bonds de quelques centaines de mètres, un des spectateurs du pesage ne s'écria-t-il pas : « Il ferait bien mieux de rentrer, celui-là »? C'est un signe des temps. C'est parce qu'il est commun de s'appuyer sur l'air maintenant que l'on parle ainsi.

Nous avons vu aussi un des concurrents du Grand-Prix de Champagne, Sanchez, essayer de partir, ne pas réussir parce que son biplan était mal orienté, et alors que l'aéroplane était immobilisé devant les tribunes, l'aviateur ayant ralenti son moteur est descendu de son appareil, et tout seul l'a tourné pour le remettre dans la bonne direction.

Ce sont des incidents minimes, semble-t-il ; mais que ne peut-on penser également de cet engin nouveau auquel les moyens du bord suffisent pour sa manœuvre? Nous sommes enthousiasmés par le progrès, par la chose nouvelle, par la conquête de l'air à laquelle nous assistons et qui se poursuit sous nos yeux. C'est la plus merveilleuse des leçons de choses. Aussi c'est un sentiment de gratitude qui se manifeste maintenant vers ceux qui ont eu l'initiative de cette manifestation, vers ceux qui l'organisèrent. La tâche était difficile, car tout était à créer. La ville de Reims, inutile de le répéter, a été métamorphosée par cette semaine d'aviation. Ce sont chaque soir des bals en plein vent, des feux de joie; les maisons sont décorées; le soir on illumine. C'est partout l'allégresse. Sur la route qui mène aux tribunes, c'est une invraisemblable procession et c'est une interminable succession de guinguettes en plein vent; on les compte par centaines, décorées de feuillages verts, avec une abondance de drapeaux qui flottent au vent et qui ajoutent une note gaie dans ce paysage de clarté.

Voici maintenant les résultats officiels de la journée qui nous sont donnés par le communiqué habituel de chaque jour :

Grand-Prix de la Champagne. — Paulhan (appareil n° 20), 56 kilomètres; Lefebvre (appareil n° 25), 21 kilomètres.

Les appareils qualifiés pour le Grand-Prix de la Champagne sont les suivants :

N° 16 Delagrange,
N° 27 Bunau-Varilla.
N° 20 Paulhan.
N° 23 Blériot.
N° 5 Gobron.

N° 33 Fournier.
N° 25 Lefebvre.
N° 6 Sommer.
N° 21 Blériot.
N° 7 De Lambert.
N° 32 Cockburn.
N° 22 Blériot.
N° 13 Latham.
N° 4 Tissandier.
N° 30 Farman.
N° 29 Latham.
N° 8 Curtiss.
N° 24 Blériot.

Prix du Tour de Piste. — 1° Curtiss, 8 m. 35 s. 3/5 (record); 2° Blériot, 8 m. 42 s. 2/5.

On voit, par ce communiqué, que dix-huit aéroplanes se sont qualifiés pour le Grand-Prix de la Champagne, le concours de distance, la plus importante épreuve du meeting, qui est dotée de 100,000 francs de prix. Il était nécessaire, pour disputer ce prix, d'avoir franchi hier, lundi, de dix heures du matin à six heures et demie du soir, la ligne de départ en plein vol, c'est-à-dire sans toucher terre. Sur les trente-quatre appareils engagés, trois seulement sont forfaits. On voit que la proportion a été assez forte de ceux qui se sont envolés hier. Il y a treize éliminés; mais ceux-ci, s'ils ne peuvent disputer le Grand-Prix de la Champagne, encourront néanmoins pour le prix de la Vitesse, le prix de l'Altitude, le prix des Passagers et le prix du Tour de Piste.

Aujourd'hui mardi se disputera le prix de la Vitesse et le Tour de Piste, et demain mercredi, on volera à nouveau pour le Grand-Prix de la Champagne.

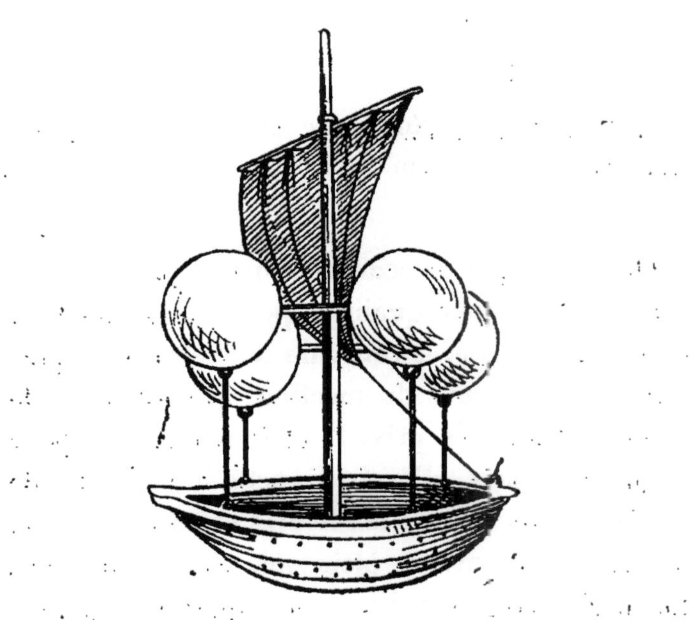

La troisième journée

* * *

Mardi 24 Août

LE PRÉSIDENT DE LA RÉPUBLIQUE A LA SEMAINE D'AVIATION

Paris, 24 août.

Lorsque le comité d'organisation des fêtes de Reims était venu inviter le Président de la République et M. Briand, président du Conseil, à assister à l'une des journées du concours d'aviation, MM. Fallières et Briand avaient avec empressement donné leur promesse d'acquiescer au désir du comité. Mais nulle date n'avait été fixée et hier soir encore, il n'y avait aucune certitude que la visite présidentielle eût lieu aujourd'hui.

Ce matin cependant, la journée s'annonçant assez belle, le Président de la République et Mme Fallières ont quitté Rambouillet en automobile et sont arrivés à l'Elysée, où M. Briand, président du conseil, est allé les saluer.

Vers 1 heure 1/2, cet après-midi, le Président de la République, en simple tenue de ville à cause du caractère privé du voyage, et Mme Fallières étaient reçus à la gare de l'Est, sous un dais orné de drapeaux tricolores et agrémenté de plantes vertes, par l'amiral Boué de Lapeyrère, ministre de la marine ; Lépine, préfet de police ; Armand Bernard, secrétaire général de la Préfecture de la Seine, représentant M. de Selves ; Gérardin, ingénieur des ponts et chaussées, sous-directeur de la Compagnie des chemins de fer de l'Est ; Lemercier, secrétaire général de la Compagnie des chemins de fer de l'Est ; Wingert, inspecteur principal.

M. et Mme Fallières étaient accompagnés dans leur voyage par M. et Mme Jean Lanes ; MM. Briand, président du conseil des ministres, ministre de l'intérieur ; Millerand, ministre des travaux publics ; Mollard, directeur du protocole, et deux officiers de la maison militaire de l'Elysée, le lieutenant-colonel Griache et le capitaine de frégate Laugier.

Bétheny, 24 août, midi.

Le temps est splendide ce matin, et dès neuf heures et demie, le public a commencé à arriver sur le champ d'aviation.

Le comité d'organisation prend les dernières dispositions pour l'arrivée du Président de la République qui est annoncée pour cet après-midi,

3 heures 40, à la gare du Fresnoy-Aviation. Une conférence a eu lieu à ce sujet entre le Préfet de la Marne, le général Valabrègue, M. Hennion, directeur de la sûreté générale, M. de Polignac, président du comité d'organisation. Il s'agissait surtout de réglementer la circulation des automobiles qui va être particulièrement intense et qui est déjà considérable. Le général Valabrègue a également réglé de son côté avec le lieutenant-colonel Geoffroy toutes les mesures de surveillance et de sécurité autour du champ d'aviation, le long des clôtures ainsi qu'aux tribunes et aux hangars. A cet effet, le terrain a été divisé en cinq secteurs qui emploient un bataillon d'infanterie, deux escadrons de dragons et un peloton d'artilleurs, 250 gendarmes concourront aussi au maintien de l'ordre. Le service est assez compliqué mais parfaitement installé. C'est ainsi que l'infantérie, qui doit rester sur le terrain du matin au soir, y prépare ses repas. Le général Valabrègue, qui a inspecté ce matin à cheval les 16 kilomètres du circuit, a fait installer des cuisines où les soldats prendront leurs deux repas. Un service médical très important fonctionne dans chaque secteur. Les instructions données aux troupes interdisent formellement toute consommation d'alcool.

Le Président de la République sera reçu à la gare du Fresnoy-Aviation par le Préfet de la Marne et par M. de Polignac. Il prendra place dans une première voiture automobile avec Mme

Fallières, le Préfet de la Marne et M. de Polignac. Dans les autres voitures automobiles seront les ministres et les personnes qui accompagnent le président. Le cortège officiel comprendra huit voitures automobiles. A son arrivée aux tribunes M. Fallières sera reçu dans un salon d'honneur tendu vert et or, décoré de meubles empire, M. de Polignac lui présentera les membres du comité d'organisation et le conduira aussitôt à la loge spéciale qui a été réservée pour le président et les ministres. On espère qu'à ce moment le temps permettra de nombreuses envolées.

Il est possible que M. Fallières soit ensuite conduit à l'emplacement sur lequel sont construits les hangars pour visiter les différents appareils, ainsi qu'au poste central des commissaires sportifs et des chronométreurs.

A cinq heures et demie, avant que le Président de la République quitte les tribunes pour aller reprendre le train spécial qui doit le ramener à Paris, un vin d'honneur lui sera offert par le comité d'organisation.

Bétheny-Aviation, 24 août, 1 heure.

Le vent, qui était faible ce matin, s'est élevé à partir de dix heures et tout le monde ici regrette cette inclémence atmosphérique. Alors qu'à neuf heures l'anémomètre officiel enregistrait une vitesse de trois mètres à la seconde, celle-ci atteignait dix mètres à onze heures du matin, soit trente-six kilomètres à l'heure. Aussi aucun aviateur n'est sorti ce matin.

La foule commence à arriver, surtout aux tribunes. Les places populaires viendront sans doute plus tard, mais on ne trouve plus une place pour dîner au buffet. On espère que le vent faiblira vers la fin de l'après-midi.

Toutes les dispositions sont prises pour faire sortir immédiatement le *Colonel-Renard*. M. Henri Kapférer, qui doit piloter le ballon, est parti au champ de manœuvres faire les derniers préparatifs.

Bétheny-Aviation, 2 heures 25.

Le vent ne se calme pas et aucun aviateur n'est encore sorti. L'anémomètre accuse sept mètres à la seconde et quelques nuages gris courent dans le ciel. Les troupes qui doivent assurer le service d'ordre pour l'arrivée du Président de la République se rendent sur les points qui leur sont assignés.

On craint qu'une sortie du *Colonel-Renard* ne puisse avoir lieu, non pas à cause de la vitesse du vent, mais parce que, paraît-il, la voiture porte-tubes d'hydrogène, qui devait ravitailler le dirigeable, n'est pas encore arrivée ; elle serait restée en panne à quelques kilomètres de Reims.

La foule arrive toujours nombreuse et jamais les tribunes n'ont été aussi bien garnies, aussi élégamment remplies. Les costumes clairs dominent malgré une température plutôt fraîche.

Bétheny-Aviation, 3 heures 45.

Le Président de la République vient d'arriver avec Mme Fallières, MM. Briand, président du conseil, Millerand, ministre des travaux publics et les personnages de sa suite.

VISITE DU PRÉSIDENT DE LA RÉPUBLIQUE

Le vent, qui reste le dernier adversaire de l'aviation, n'a pas voulu faire preuve de courtisanerie à l'égard du Président de la République et du président du conseil. Les hommes-oiseaux ne volent pas encore sur commande ; et le Président de la République, dont on avait limité très exactement à deux heures, de quatre à six, la durée du séjour sur le champ d'expériences de Bétheny, a failli ne rien voir du merveilleux spectacle qu'on peut admirer chaque jour sur l'aérodrome.

M. Fallières et les personnes venues avec lui de Paris : Mme Fallières, M. et Mme Lanes, M. Briand, M. Millerand, etc., avaient contemplé les aéroplanes dans leurs hangars et félicité les aviateurs devant leurs oiseaux artificiels. Ils avaient bu un verre de champagne avec les organisateurs de la semaine d'aviation. Et ils étaient sur le point de regagner la gare quand, vers cinq heures et demie, le vent se calma suffisamment pour permettre la sortie des aéroplanes. Ainsi ils ont pu voir Bunau-Varilla et Blériot faire un court essai, et surtout Paulhan, effectuer sur son biplan, avec une admirable sûreté, un tour de la piste qui mesure 10 kilomètres.

Après que Paulhan, bouclant son premier tour de piste, eut passé devant les tribunes à une hauteur d'environ cinquante mètres, en agitant sa casquette, M. Fallières et les ministres se levèrent. L'heure était sonnée de reprendre le train pour Paris. Le général French et les membres de la mission militaire anglaise, ainsi que l'innombrable public ne songèrent pas à les suivre. Ils restèrent à Bétheny, et ils en furent récompensés.

Car dès que M. Fallières se fut éloigné, on eut un inoubliable spectacle, Paulhan, sur son biplan, couvrit les trois tours de piste, soit 30 kilomètres, en 38 min. 12 s. Latham, qui s'était lancé dans les airs quelques instants après le départ du cortège présidentiel, a d'abord fait un tour sur son monoplan léger et gracieux comme une libellule ; puis sur un autre de ses monoplans, à ailes gauchissantes, il a fait trois fois le tour de la piste avec une souplesse, une adresse, une élégance stupéfiantes, en 30 m. 2 s. Blériot battant tous les records, couvrait en même temps les 10 kilomètres du tour de piste en 8 m. 4 s. Et enfin, à sept heures et demie, quand la nuit commençait à tomber, Lefebvre, sur biplan Wright, prenait son élan et se livrait à des évolutions extravagantes, s'élevant verticalement, piquant droit vers la terre, rasant le sol, tournoyant, pirouettant avec une aisance déconcertante, une véritable acrobatie qui arrachait aux milliers des spectateurs des cris d'enthousiasme.

De toutes ces prouesses qu'il aurait pu admirer en prolongeant d'une heure et demie son séjour à Bétheny, M. Fallières eut le regret de ne voir presque rien.

Reims, 24 août.

A leur arrivée à la gare du Fresnois, M. et Mme Fallières et les ministres sont reçus par le marquis de Polignac, président du comité d'organisation d'aviation ; par MM. Léon Bourgeois, Vallé, Monfeuillart, sénateurs de la Marne ; Péchadre, Pozzi, Lenoir, Haguenin, députés du département etc., Les premiers souhaits de bienvenue échangés, le Président de la République et Mme Fallières, ainsi que les ministres et les personnages officiels montent en automobile pour gagner le champ d'aviation. La distance n'est que de six cents mètres.

Après être resté quelques instants dans la tribune d'honneur pour se rendre compte de l'installation de l'aérodrome, le Président de la République a traversé le pesage pour aller visiter les hangars. Guidé par M. de Polignac, qui avait

La Semaine de Reims — Les tribunes

La Semaine de Reims — Les tribunes

offert son bras à Mme Fallières, le Président de la République examine successivement tous les modèles d'aéroplanes, tous les appareils qui concourent pendant la semaine d'aviation.

Dans le premier hangar, M. Fallières se fait présenter Hubert Latham, qui vient, son éternelle cigarette aux lèvres, et qu'il félicite sur ses hardies tentatives.

Le cortège se dirige ensuite vers l'abri des aéroplanes R. E. P., où il est reçu par M. Robert Esnault-Pelterie, qui lui fournit quelques renseignements techniques sur ses trois monoplans rouges que pilote Guffroy.

C'est ensuite au tour du triomphateur de la traversée de la Manche en aéroplane à recevoir la visite présidentielle. Tandis que le Président de la République félicite et complimente Blériot pour son exploit, Mme Fallières s'entretient avec Mme Blériot.

C'est ensuite Delagrange qui est présenté à M. Fallières.

Puis le cortège se dirige vers l'intérieur de l'agglomération pour examiner le biplan de Jean Gobron, le fils du sénateur des Ardennes.

On présente alors au Président de la République Gabriel Voisin, l'un des lauréats du prix Osiris avec Blériot.

Roger Sommer, dont on connaît les vols de longue durée, fait ensuite les honneurs de son appareil à M. Fallières qui le complimente, tandis que le cortège officiel envahit le hangar pour examiner le biplan sous toutes ses formes.

C'est maintenant le premier élève de Wilbur Wright, le comte de Lambert, qui est présenté au chef de l'Etat ainsi que le deuxième aviateur formé par le célèbre Américain, Paul Tissandier. Tandis que celui-ci monte sur le siege du biplan Wright, qui a été sorti du hangar pour mieux le montrer à M. Fallières, M. Hart O. Berg explique au Président de la République le fonctionnement des diverses commandes de l'appareil que Paul Tissandier, assis sur son siège de pilote fait mouvoir.

M. Hart O. Berg ayant terminé ses explications, le cortège se reforme pour aller visiter le hangar de la Société l'Ariel qui abrite l'ex-biplan Wright que pilote Lefebvre M. Fallières est reçu par le prince Radzivill, président du conseil d'administration de cette société, entouré de M. Michel Clémenceau, administrateur délégué, et de MM. Lanty et Le François, administrateurs.

Le Président de la République, qui s'est également fait présenter Lefebvre, félicite ce dernier pour sa hardiesse et l'on rappelle au Président que Lefebvre a appris seul à manœuvrer son aéroplane. Attaché en effet comme ingénieur à la société l'Ariel, qui a le monopole de la vente des aéroplanes Wright, Lefebvre profita d'un séjour en Hollande où il procédait au montage d'un biplan pour s'initier à sa conduite.

C'est ensuite Curtiss, le champion américain, qui reçoit la visite présidentielle. On remarque beaucoup l'élégance de l'appareil, son aspect léger et robuste à la fois. C'est M. Cortland Bishop, président de l'Aéro-Club d'Amérique, qui donne à M. Fallières tous les renseignements sur les particularités de cet appareil, dont quelques-unes sont très curieuses, notamment le gauchissement des ailes obtenu par un déplacement du corps qui entraîne un bâti métallique qui produit le mouvement obtenu par un lévier dans les biplans Wright.

Enfin, dernière visite à Paulhan, qui quelques instants après allait faire une si belle envolée devant la tribune présidentielle.

On montre au président le biplan de l'aviateur qui, on le sait, est actionné par un moteur rotatif, le seul du reste de tous ceux employés ici. C'est un moteur Gnome dont les cylindres tournent autour de leur axe et sur lequel sont directement fixées les hélices. Il est inutile d'indiquer le rendement excellent obtenu ainsi. C'est du reste avec ce même moteur Gnome que Paulhan est en tête du classement du Grand Prix de Champagne et c'est avec lui qu'il va évoluer quelques instants après.

Le comité d'organisation désirait faire visiter également l'appareil du champion anglais Cockburn au Président de la République, mais le terrain de l'enceinte des hangars étant assez pénible pour la marche, et afin de ne pas imposer une fatigue supplémentaire à Mme Fallières, on revient aussitôt après à la tribune d'honneur. Le public semblait au retour plus nombreux encore, et dans les enceintes populaires, c'était une mer grouillante de têtes. On estime en effet à plus de vingt mille, hier, les spectateurs qui ont pénétré aux places à bon marché. Quant aux tribunes elles ne furent jamais aussi élégamment garnies. Toutes les loges sans exception étaient occupées.

Les Vols

Reims, 24 août.

Depuis le matin, le vent avait empêché toute sortie et il soufflait encore avec une vitesse de cinq à sept mètres à la seconde, lorsque, très crâne, très courageux, Etienne Bunau-Varilla n'hésita pas à sortir son biplan pour tenter une envolée qu'il réussit du reste parfaitement, se défendant contre le vent, tanguant, redressant son appareil qui s'inclinait ou qui se cabrait. Etienne Bunau-Varilla atterrit après avoir parcouru environ deux kilomètres cinq cents dans des conditions particulièrement difficiles et avec une audace dont on ne saurait trop le féliciter.

Après lui, Paulhan devait nous étonner, arrachait à la foule des applaudissements, des acclamations. Sorti par un vent de six mètres, le courageux aviateur, que l'altitude n'effraye pas, partit pour disputer le prix de la Vitesse dont la distance, on le sait, est de 30 kilomètres. Immédiatement après le poteau de départ, Paulhan était déjà à 20 mètres d'altitude et il augmenta encore cette hauteur alors qu'il se dirigeait vers Vitry-lez-Reims.

Blériot à son tour prit son vol quelques instants après pour un simple essai, et après avoir évolué quelques instants, il vint atterrir devant les tribunes. On l'applaudit aussi.

Mais déjà Paulhan revenait ayant accompli un premier tour de dix kilomètres. Il était environ à trente-cinq mètres d'altitude et on le vit nettement quand il passa devant la loge présidentielle agiter sa casquette plusieurs fois. Ce fut un bel enthousiasme. Les spectateurs des tribunes applaudissaient tandis qu'on entendait les clameurs des populaires et cependant que les mécaniciens des automobiles garées en bordure du champ d'aviation avaient trouvé l'ingénieux mais bruyant moyen de faire fonctionner ensemble toutes les sirènes et les trompes d'automobile. Le bruit cependant ne parvint pas aux oreilles de Paulhan, car l'on sait qu'il est absolument impossible à un aviateur d'entendre quoi que ce soit, étourdi qu'il est par le bruit de l'échappement libre de son moteur. Paulhan, toujours parfaitement équilibré, finit son troisième tour à 50 mètres d'altitude. Il atterrit ensuite dans une manœuvre habile, juste au devant des tribunes ayant terminé le parcours imposé.

C'est au tour de Latham de partir, mais il doit s'arrêter après 9 kilomètres environ, son moteur ayant des ratés d'allumage. Il repart alors avec un autre monoplan et dans une envolée splendide, toujours aussi élégant, aussi maître de lui, il couvre les 30 kilomètres du parcours, se classant avec cet appareil pour cette épreuve, mais ayant cependant sur ses concurrents déjà classés une pénalisation de un vingtième dont son temps est augmenté, parce que n'ayant pas pris le départ le premier jour de l'épreuve.

On sait en effet que dans l'épreuve du prix de la Vitesse pouvaient seuls améliorer leur temps sans pénalisation ceux qui, dès le premier jour, avaient couvert les 30 kilomètres du parcours. Seuls, Paul Tissandier, de Lambert, Lefebvre et Paulhan remplirent les conditions imposées. Comme l'épreuve de vitesse se disputait aujourd'hui pour la seconde fois, une première pénalisation de un vingtième du temps était infligée aux pilotes. Il est en effet normal de favoriser ceux qui, à l'heure fixée et dès le premier essai, ont réussi le parcours imposé. Du reste, dimanche prochain, dernier jour pendant lequel ce prix se dispute, les autres concurrents non classés se verront à leur tour pénalisés de deux vingtièmes en augmentation de leur temps.

Pour finir la journée, nous avons eu alors la sensationnelle perfomance de vitesse accomplie par Blériot qui, depuis hier, était hanté par le

Le tableau d'affichage à Reims

PAULHAN à Reims.

désir de battre le temps de l'Américain Curtiss sur le tour de piste. L'aviateur français a splendidement réussi puisqu'il nous donna le spectacle de couvrir les 10 kilomètres en 8 minutes 4 secondes 2/5, ce qui représente une vitesse de près de 75 kilomètres à l'heure. Ainsi Blériot nous donne le droit d'espérer que la France pourrait être victorieuse samedi dans la Coupe Gordon-Bennett.

Voici maintenant le communiqué officiel des résultats de la journée :

Journée du 24 août 1909 ; résultats sommaires

Prix du Tour de Piste (10 kilomètres. — Classement à ce jour :

1er Blériot (no 22), 8 m. 4 s. 2 ;
2e Curtiss (no 8), 8 m. 35 s. 3.

Prix de Vitesse (30 kilomètres) :

1er Tissandier (no 4), 28 m. 59 s. 1.
2e Comte de Lambert (no 7), 29 m. 2 s. 10 ;
3e Lefebvre (no 25), 29 m. 2 s. 1/5 ;
4e Latham (no 29), temps réel : 30 m. 2 s. 1 ; temps de classement : 31 m. 32 s. 1/5 y compris 1/20 de pénalisation ;
5e Paulhan (no 20), 32 m. 49 s. 4/5.

Les autres concurrents du prix de la Vitesse qui n'ont pas parcouru la distance de 30 kilomètres les 22 et 24 août seront le dimanche 29 août pénalisés de 2/20 sur le temps de 30 kilomètres.

Pour terminer, cette petite anecdote à propos du vin d'honneur offert au Président de la République, il était naturel qu'une coupe de champagne fût présentée au Président de la

République à l'occasion de sa venue au champ d'aviation. Mais lorsque le comité d'organisation se trouva obligé de réaliser pratiquement le désir que tous ses membres avaient exprimé, il fallut naturellement se procurer du champagne. Lequel allait-on prendre ? Pourquoi cette marque plutôt que telle autre ? Et Dieu sait si elles sont nombreuses et célèbres à Reims. Dans le comité lui-même figurent les principaux propriétaires des cuvées les plus renommées. Que faire ? Ce n'était pas facile à résoudre. Mais on eut l'idée ingénieuse de créer pour cela une marque nouvelle. On la déposa au tribunal de commerce au nom du comité d'organisation et c'est ainsi que le Président de la République but du champagne sur la bouteille duquel figurait une étiquette jusqu'alors inconnue : celle de l'« Aéro-Club de Champagne », fondé par le comité et pour la circonstance. La légende ajoute aussi qu'un membre du comité d'organisation, discret mais prévoyant, n'avait fait apposer les étiquettes qu'à bon escient sur de très vieilles bouteilles de cuvées célèbres.

La Compagnie de l'Est vient de faire savoir que le nombre des voyageurs transportés par elle à la gare du Fresnois-Aviation était de 60.000. Quant à l'assistance, de l'aveu même de gens du pays qui ont assisté à la revue du tsar en 1901, on l'évalue à 150.000 personnes au minimum.

Les Journées triomphales

⁂

Dès le mardi, l'enthousiasme général est à son comble ; interrompons pour un instant ce récit pour y intercaler l'article que publie le *Temps* sous ce titre « Les journées triomphales », et qui donne la mesure de cet enthousiasme de l'opinion :

C'était une idée magnifique que celle de réunir près de Reims, la vieille et noble cité, tous les aéroplanes existants, de les faire concourir à jour, presque à heure fixe, comme pour donner au monde la preuve tangible des énormes progrès accomplis déjà par cette invention qui date d'hier. Cette idée a été brillamment réalisée, et dès maintenant, on peut le dire, la grande semaine d'aviation est un succès, plus que cela, un triomphe !

Tous ceux qui reviennent de la plaine de Bétheny ne sauraient taire leur enthousiasme, et si les témoignages de nos compatriotes ne suffisaient pas, nous avons ceux des étrangers, qui sont allés en si grand nombre à Reims. C'est un événement considérable, un évènement mondial que la première course d'aéroplanes. L'univers s'en occupe : ces dernières semaines, tous les paquebots partant d'Amérique étaient pleins de passagers, désireux d'arriver à temps pour cette course passionnante. Les journaux étrangers y consacrent une place extraordinaire, et, n'a-t-on pas vu le plus affairé, le plus absorbé des ministres britanniques, M. Lloyd George, chancelier de l'Echiquier, s'arracher aux importants travaux de la session parlementaire, laisser là la discussion de son budget pour venir contempler, ne fut-ce qu'une heure les performances des hommes volants ?

Le président de la République, accompagné du président du conseil, du ministre des travaux publics et du ministre de la guerre, a montré hier, par sa visite à Bétheny, tout l'intérêt que le gouvernement porte à ce triomphe de l'aviation. Le président est resté six quarts d'heure à peine sur le champ de courses ; le plus inflexible des protocoles avait d'avance annoncé qu'il ne resterait pas plus longtemps. Mais en dépit de ce temps si court, M. Fallières a pu quand même voir voler Paulhan, le plus *haut* des hommes volants, s'est élancé dans les airs ; il a fait un tour, deux tours, trois tours de piste, preuve que les nouveaux appareils ne dépendent pas autant qu'on le dit des conditions météorologiques, qu'ils se piquent déjà d'être exacts au rendez-vous !

Ils ne sont pas encore assez forts sans doute pour lutter contre un vent rapide. Mais patience, leur force s'accroîtra. L'invention, nous le répétons, date d'hier. Elle se développera, elle se perfectionnera comme toutes les autres. Ce n'est qu'une question de temps et de persévérance.

Or, elle est sans pareille, la persévérance de ces aviateurs, de ces hommes jeunes, pleins d'audace et d'industrie, tout entiers à leur frêle machine, qui l'étudient et qui l'aiment, qui s'efforcent de la rendre chaque jour plus rapide et plus sûre, qui la guérissent quand elle est blessée.

Dimanche, le premier jour du concours, ce fut un inoubliable spectacle de les voir tous ensemble s'élancer. La journée leur avait été dure : le vent d'abord, puis la pluie ; les éléments semblaient se jouer d'eux ; les chevaux de cette étrange course n'osaient pas quitter leur hangar. L'audacieux Blériot, essayant de braver la tempête, venait d'y casser son aile. Ses camarades allaient-ils se laisser vaincre sans combat ?

Mais vers le soir la pluie cesse ; une accalmie se produit, et aussitôt sortent de leur niche, dix, quinze petites mécaniques de forme bizarre ; elles courent, elles glissent sur terre ; on dirait d'invraisemblables tricycles imaginés un jour de carnaval. Tout d'un coup, sans qu'on y prenne garde, une chose fantastique : le tricycle a cessé de courir, il vole ; il a quitté le sol auquel il semblait comme toute chose, attaché ; il rase encore le gazon, incertain, hésitant ; puis peu à peu il s'élève, il monte, il monte ; le voilà parti pour tout de bon dans les airs ; il dépasse le pylône autour duquel il vire avec une admirable aisance ; l'œil suit avec ravissement la légèreté de son vol ; il n'est plus qu'un petit point un point imperceptible, là-bas vers l'horizon ; il se confond avec les frondaisons des arbres, avec la courbe légèrement montante des champs et des prés. La jumelle le cherche ; on

Le Sémaphore à Reims.

Wilbur et Orville Wright.

croit l'avoir perdu et le voilà qui reparaît, qui grandit peu à peu, qui se dirige droit vers les tribunes ; ce n'est plus un point blanc, ce n'est plus un oiseau. On distingue les détails de cette singulière machine, la caisse sans fond des biplans, ou les deux ailes largement ouvertes du monoplan.

Les uns passent haut dans les airs, d'un vol puissant et régulier, sans secousses et sans oscillations ; d'autres se tiennent près de terre avec un léger mouvement de roulis et de tangage. On entend le ronflement des hélices, les pulsations du moteur ; on voit l'homme au centre, immobile, les mains sur ses leviers ; quelquefois on le distingue à peine, perdu comme une araignée, dans son amas de toile.

Mais pour bien affirmer sa maîtrise, il lui plaît par moments de commander à sa maison volante les plus jolies, les plus audacieuses évolutions. Tel fut le cas de cet admirable Lefebvre [1], qui ayant acheté un aéroplane, apprit, dit-on, tout seul à le conduire. Il prend plaisir à lui faire décrire des courbes folles ; on dirait un de ces artistes du patin

(1) Mort, quelques semaines plus tard, à Juvisy.

qui valsent sur la glace. Comme eux, Lefebvre valse et tourbillonne dans les airs !

Ce sont là de merveilleux spectacles. Nous devons être heureux et fiers que la France en ait eu la primeur.

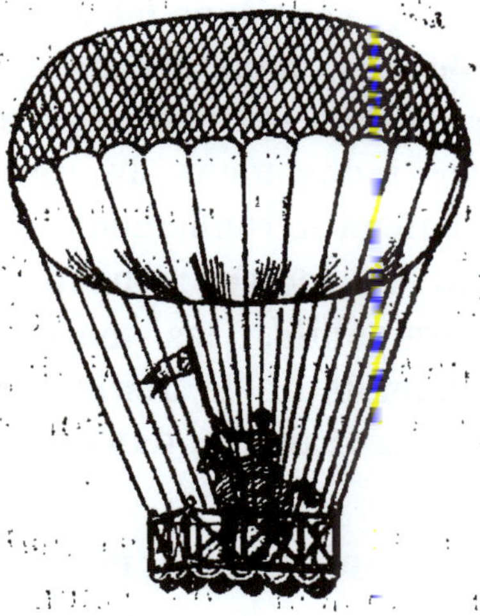

La quatrième journée

\+ + +

Mercredi 25 Août

Bétheny-Aviation, 25 août.

Le comité d'organisation des épreuves d'aviation de la Champagne vient de pouvoir assurer d'une manière définitive un service destiné à renseigner le public qui réside à Reims pour lui indiquer sommairement ce qui se passe à l'aérodrome. Sur différents édifices et sur tous les tramways, on arbore des drapeaux de couleurs différentes pour indiquer si les aviateurs font ou non des expériences à l'aérodrome. Il y a trois flammes : la noire, la blanche, la rouge. La noire signifie « On ne vole pas », la blanche « On volera probablement », et la rouge « On vole ».

Au grand désespoir de tous, c'est la flamme noire qui flottait ce matin à Reims. Il a plu en effet à torrents depuis six heures jusqu'à dix heures du matin. Les effets de cette averse diluvienne se sont déjà manifestés, car les routes sont boueuses et le champ d'aviation détrempé. Une éclaircie vient de se produire à onze heures, le soleil se montre maintenant, mais de gros nuages noirs roulent dans le ciel.

Aucun aviateur n'est sorti. Chacun est dans son hangar, réglant son moteur, faisant son plein d'essence, aménageant son appareil pour de longs vols, car pendant trois jours, aujourd'hui, demain et vendredi, on dispute exclusivement le Grand-Prix de Champagne, l'épreuve de distance que détient Paulhan avec 56 kilomètres. Dix-huit appareils sont qualifiés pour lutter contre Paulhan et essayer de faire mieux que lui.

Les tribunes sont actuellement désertes et les spectateurs clairsemés aux places populaires.

Cependant, malgré le mauvais temps, le prince Albert et la princesse Elisabeth de Belgique sont venus incognito de Bruxelles. Ils sont arrivés en automobile, à dix heures un quart, accompagnés du duc et de la duchesse de Vendôme et du comte d'Oultremont. Reçu par le marquis de Polignac, président du comité d'organisation, le prince Albert s'est immédiatement rendu aux hangars pour les visiter.

Dans chacun d'eux il a fait une longue station. Le prince Albert, qui est en tenue d'excursionniste, s'intéresse particulièrement à la partie mécanique des appareils. Sa première visite a été pour Hubert Latham, avec lequel il a longtemps causé. Puis il s'est rendu au hangar de M. Esnault-Pelterie. Tandis que chez Blériot le prince Albert de Belgique cause avec l'aviateur et Mme Blériot, la princesse Elisabeth de Belgique prend plusieurs photographies du groupe. C'est ensuite Delagrange qui a reçu la visite de l'héritier du trône de Belgique. Le prince Albert a aussi longuement questionné Curtiss avant d'aller voir l'appareil de Lefebvre, le biplan Wright. C'est M. Michel Clémenceau qui l'a reçu au nom de la société l'Ariel. La visite s'est terminée par celle de l'appareil de Paulhan, dont le moteur rotatif a fort intéressé le prince. Le comité d'organisation a ensuite offert un déjeuner intime dans le salon d'honneur des tribunes.

Bétheny-Aviation, 25 août, 3 heures.

Aucun vol n'a pu encore être effectué depuis ce matin.

Il y a quelques instants, vers deux heures, Hubert Latham se préparait à partir, mais une averse soudaine lui a fait rentrer son appareil au hangar.

Le vent cependant semble faiblir et l'on peut espérer que les aviateurs voleront bientôt.

Le public arrive en foule et les « populaires » sont déjà garnies de monde. De nombreux concurrents ouvrent leur hangar. Le vent tombe.

Reims, 25 août.

PAULHAN VOLE PENDANT 2 HEURES 43 MINUTES
134 KILOMÈTRES PARCOURUS
TOUS LES RECORDS DU MONDE BATTUS

Nous ne savons pas quelles émotions et quelles sensationnelles prouesses nous réservent les journées prochaines. Cependant, quels que soient les étonnements que pourront nous faire connaître les hommes oiseaux, nous n'oublierons pas ce triomphe d'aujourd'hui et surtout cette lutte admirable de Paulhan contre l'air. Ce fut la journée de Paulhan, il la remplit à lui seul tout entier, et les autres tentatives accomplies disparaissent devant son exploit merveilleux : deux records du monde battus, les plus importants, celui de la durée et celui de la distance. Mais ce qu'il importe de bien faire remarquer, ce qu'il ne faudra pas oublier, c'est que tandis que Wilbur Wright avait accompli à Auvours, le 31 décembre dernier, le précédent record du monde de 120 kilomètres 700 par un temps absolument calme, hier, c'est par un vent qui atteignait par moments 9 mètres à la seconde, que Paulhan a volé.

La matinée avait été mauvaise. Le vent trop fort avait empêché tous les départs. Malgré cela, vers quatre heures de l'après-midi, avec une forte brise, Paulhan n'hésita pas à partir. Il avait le désir de vaincre, et il voulait aussi conformément aux conditions du règlement du Grand-Prix de Champagne qu'il disputait, avoir parcouru 50 kilomètres avant cinq heures du soir. Ainsi il obligeait tous les autres concurrents qui auraient voulu lui ravir ce prix, à partir, eux aussi, avant cinq heures du soir.

Mais aucun ne fut capable de tenir l'atmosphère. Seul Latham fit quelques essais deux fois. Desservi par son moteur, il dut s'arrêter, et enfin prit un départ valable dans les dernières minutes avant cinq heures, couvrant alors 31 kilomètres. Un arrêt mécanique l'immobilisa à nouveau; c'est regrettable, car Hubert Latham est un pilote de premier ordre lui aussi, et son appareil se défend également bien contre le vent. A part Latham, aucun concurrent ne réussit à couvrir 20 kilomètres. Nous ne parlons pas, bien entendu, de quelques essais du tour de piste effectués vers la fin du jour, alors que le temps était calme, par Blériot, Curtiss et Paul Tissandier, qui, du reste, n'amélioreraient pas les temps qu'ils avaient faits précédemment. Donc Paulhan seul, on peut le dire, fut le maître de l'atmosphère.

Il était parti avec le vent; il devait le subir encore plus fort et par rafales; il reçut la pluie et n'évita pas l'influence mauvaise d'un orage qui alla s'abattre sur Reims; même vers la fin de son vol le vent soufflait toujours. Pendant la première demi-heure du vol de Paulhan, Henry Fournier voulut lui aussi tenter la chance de gagner. Il prit un bon départ, mais alla tomber à quatre kilomètres de là. Il se blessa légèrement, mais brisa complètement son appareil. Paulhan continuait toujours; on le voyait à la lorgnette manœuvrer son gouvernail de profondeur, luttant contre les remous, maître absolu de son biplan qui tanguait et roulait quelquefois, mais qui toujours continuait. Aux places populaires, dans les tribunes encore mieux garnies que la veille, on suivait anxieusement la marche du courageux et habile aviateur.

Lorsque l'on afficha que cinquante kilomètres étaient parcourus en 1 heure 51 secondes, l'enthousiasme commença à se manifester; mais les craintes aussi augmentèrent, car à cinq heures précises, une pluie fine se mit à tomber, heureusement pendant une courte durée. Elle n'arrêta pas Paulhan, qui inlassable continuait. Un orage, qui s'était formé à l'ouest, se dirigeait vers le champ d'aviation. La montagne de Reims le détourna vers la ville, qui disparut un instant derrière de gros nuages noirs. Le vent dans une saute brusque atteignit à ce moment 9 mètres à la seconde. Mais Paulhan planait toujours. Un instant, au passage du pylône qui limite la piste vers Witry-lez-Reims, on le vit dériver de plus de trois cents mètres, emporté par le vent et il manqua son virage autour du pylône, mais il revint, après avoir décrit une orbe, et passa correctement à l'extérieur de la piste, puis il continua. On eut certainement l'impression, à ce moment-là, que l'aéroplane qu'il pilotait était bien l'oiseau artificiel que nous rêvons, celui qui se propulse et qui lutte contre le vent : il n'est pas abattu à terre si une rafale survient, mais seulement entraîné par elle, avec elle. Nous avons eu la sensation du volateur qui se sustente et dont l'air est réellement le domaine.

Mais Paulhan accumulait les kilomètres déjà depuis logtemps. Il avait dépassé le nombre qu'il avait atteint dans la même épreuve il y a dix jours. Les quatre-vingts kilomètres avaient été accomplis en 1 h. 37 m. 58 s., et le cap des cent kilomètres approchait.

Au mât des signaux placé auprès du poteau de départ, les indications se succédaient, et tandis que Paulhan finissait son dixième tour, les murmures de la foule grossissaient. Quand il passa le poteau, on applaudit, on agita les mouchoirs ; les sirènes des voitures automobiles répétaient leur bruit strident et aux places populaires, c'étaient des exclamations continues. L'anémomètre marquait un vent de quatre mètres avec des sautes brusques à huit mètres, et au ciel de gros nuages noirs roulaient. Tandis que le cap des 100 kilomètres était franchi en 2 h. 4 m. 33 s., dans la foule on commençait à s'inquiéter, à se passionner encore plus. Battra-t-il ou ne battra-t-il pas le record du monde de Wilbur Wright? C'étaient les seules questions posées ; on supputait les chances.

Paulhan avait-il emporté assez de combustible ; n'allait-il pas manquer d'essence? Dans l'enceinte des hangars, tous les concurrents ne s'occupaient plus de leurs appareils; le nez en l'air, ils contemplaient Paulhan, le maître qui leur donnait une leçon de courage et d'énergie, et qui s'affirmait ainsi le meilleur. On apprit que Paulhan avait emporté soixante-dix litres d'essence, et comme son moteur en consomme vingt-trois à l'heure, cela représentait à peu près deux heures et demie. Du reste Paulhan lui-même, avant sa lancée, avait annoncé à Paul Tissandier qu'il volerait environ deux heures quarante-cinq. La nouvelle colportée fit renaître l'espoir.

A six heures six minutes, Paulhan terminait la distance de 110 kilomètres. Comme il était parti à trois heures quarante-huit minutes, il n'y avait plus que deux minutes à attendre pour savoir si le record du monde de durée de Wilbur Wright, avec deux heures vingt minutes, serait battu, et ces deux minutes parurent infiniment longues. Mais l'exploit était accompli. Au mât des signaux, une boule blanche indiqua que le record était battu. On applaudit encore, tandis que le nouveau recordman filait dans l'air, s'en allant vers Witry-lez-Reims encore une fois.

C'était maintenant le record de distance du même Wilbur Wright qui était en jeu. Paulhan revenait vers les tribunes pour finir son douzième tour. Il fallait maintenant dépasser les cent vingt-quatre kilomètres sept cents mètres de l'aviateur américain. On avait la certitude que le pilote et l'appareil en étaient capables; mais l'essence ne manquerait-elle pas? Le calcul de l'ancien mécanicien du dirigeable *Ville-de-Paris* serait-il exact? C'était une attente anxieuse, émotionnante. Chacun consultait son voisin. Des milliers de lorgnettes suivaient le vol du biplan, qui vint passer une fois encore son poteau de départ. Encore un premier pylône à doubler, puis un second, et c'en était fait du record. Vers Witry-lez-Reims, Paulhan s'en allait, toujours se défendant contre le vent. Il diminuait aux yeux et une explosion de joie monta de la foule quand on le vit tourner autour du grand pylône blanc de là-bas. Le record était battu une seconde fois.

Le soleil couchant perce les nuages et illumine maintenant le ciel, tandis que Paulhan revient pour la treizième fois devant les tribunes. Le grand oiseau est maintenant plus lumineux dans la nue. Il passe, il s'en va toujours. Encore un pylône de franchi. Mais soudain, le grand oiseau descend lentement. C'est la fin prévue ; c'est le combustible qui manque, c'est l'énergie mécanique qui fait défaut. Le plus beau vol du monde est terminé, sans un défaut.

Dans un champ d'avoine dorée, Paulhan vient d'atterrir à quinze mètres à peine de l'appareil d'Henry Fournier brisé en mille pièces. A côté du biplan vainqueur, le biplan vaincu. Aussitôt, les commissaires sportifs se précipitèrent en automobile pour faire les constatations officielles. L'un d'eux, M. Edouard Surcouf, fit planter en terre à l'atterrissage un poteau pour en indiquer l'endroit exact, afin qu'une mensuration officielle soit faite pour la distance, qui néanmoins peut être évaluée à 134 kilomètres environ. Quant à la durée du vol, elle avait été de 2 heures 43 minutes 24 secondes 2/5.

A sa descente, Paulhan ne cacha pas qu'il était un peu fatigué. Néanmoins, son premier désir fut de bien manifester son intention de revenir aux tribunes par ses propres moyens. Les constatations officielles terminées, on poussa l'aéroplane vers un endroit propice, et on se mit en devoir d'aller lui chercher une nouvelle provision de quelques litres d'essence. Comme l'atterrissage s'était passé à environ 3 kilomètres 500 des tribunes, les spectateurs étaient peu nombreux sur le lieu de la descente. Du reste, le service d'ordre, parfaitement organisé, avait maintenu tout le monde à distance.

La nouvelle, téléphonée aux tribunes, que Paulhan allait revenir, avait empêché de partir la foule, et lorsqu'au crépuscule on vit arriver dans le lointain le grand biplan, ce furent des acclamations sans nombre. Le service d'ordre dut être renforcé, et la foule maintenue, tandis que Paulhan descendait en planant. Il fut reçu par M. de Polignac, président du Comité d'organisation,

SANTOS-DUMONT, Brésilien, emporta en 1901, le prix Deustch de 100 000 fr., en bouclant la Tour Eiffel, avec son ballon dirigeable ; il se consacra ensuite à l'étude des aéroplanes et fut le premier en France, qui vola au moyen d'un moteur à essence. Il vient d'expérimenter un monoplan « La Demoiselle », avec lequel il atteint une vitesse de 90 kilomètres à l'heure. — ND Phot.

Henri FARMAN

qui lui offrit une coupe de champagne. Mais la foule réclamait Paulhan, qui ne s'appartenait plus. Ce fut alors du délire. Dans le buffet, les tzyganes jouaient une *Marseillaise* endiablée, reprise en chœur par le public. Des femmes embrassaient l'aviateur. On le hissa sur les épaules des spectateurs, tandis que des loges on lui jetait des fleurs. Il en fut submergé. Ainsi il traversa la tribune et fut porté en triomphe jusqu'à son hangar, tandis que la foule l'acclamait encore, l'acclamait toujours.

Il faut épiloguer après une performance de ce genre, après un pareil exploit. L'envolée magistrale qu'a accomplie hier Paulhan a détruit bien des théories, bien des croyances. On estimait jusqu'alors que les biplans avec des plans cellulaires et une queue cellulaire stabilisatrice à l'arrière étaient moins susceptibles de se défendre contre le vent que les appareils biplans sans cellules, comme les Wright ou les Curtiss, ou bien encore que les monoplans. Il faut reconnaître aujourd'hui que ce n'est pas la vérité que l'on affirmait ainsi.

Tandis en effet que le vent qui régnait empêchait les autres appareils de sortir, seul Paulhan a tenu l'atmosphère. Il serait injuste, tout en reconnaissant ses qualités de pilote incomparable, de ne pas associer l'appareil lui-même à ce triomphe. C'est, du reste, une victoire pour l'industrie française, puisque c'est un appareil français construit par M. Voisin, le lauréat du prix Osiris. Le moteur rotatif Gnome, qui propulsait l'aéroplane, est aussi français. Enfin, recouvrant la carcasse de bois, l'appui sur l'air est assuré par des plans de forte toile caoutchoutée Continental, produits nouveaux créés pour l'aviation par les usines de pneumatiques de cette même manufacture, qui ont, elles aussi, solutionné un problème intéressant.

On peut prévoir maintenant que des industries t des commerces inconnus vont naître de l'aviation, comme ils sont nés de l'automobile. Il semble du reste que ce sont ceux-là mêmes qui, dans la locomotion mécanique, ont été des pionniers commerciaux, qui semblent le devenir à leur tour dans la voie nouvelle qui se trace. Hier, M. Hugues Citroen, un des administrateurs de la Banque automobile, ne nous annonçait-il pas que désormais il traiterait les affaires d'aéroplanes comme celles d'automobiles! C'est ainsi que l'on peut s'inscrire maintenant pour acheter un appareil de Blériot, de Paulhan ou de Wright, comme l'on achetait une Peugeot ou une Dietrich. Ainsi s'accomplissent les temps prévus par ceux qui avaient annoncé que le moteur à explosion révolutionnerait le monde. Car c'est lui seul que l'on oublie, ce moteur à quatre temps, lui dont on ne parle pas; et sans cette admirable réalisation, aucun de nous ne serait ici, le monde entier ne serait pas étonné.

La cinquième journée

o o o

Jeudi 26 Août

Bétheny-Aviation, 26 août.

Il fait ce matin un temps idéal, légèrement couvert ; mais le vent permet de voler. Aussi ne s'explique-t-on pas l'apathie des aviateurs, qui ne se pressent pas alors qu'on enregistre seulement un ou deux mètres à l'anémomètre officiel.

Le comte de Lambert s'était préparé pour prendre un départ ; mais il a fait à peine deux cents mètres.

Après lui, Tissandier a également pris une envolée ; mais il a atterri au milieu de la piste.

Hubert Latham a alors, sur son grand monoplan, franchi la ligne de départ, et pendant sept tours, c'est-à-dire 70 kilomètres, il a tenu l'atmosphère à quarante mètres d'altitude. Hubert Latham se classe ainsi second, en meilleure posture, dans le Grand-Prix de Champagne, avec 70 kilomètres.

C'est ensuite au tour de Curtiss de s'envoler. Avec un brio et une maestria étonnante, le biplan de l'Américain file sur ses roues et il lui faut à peine vingt mètres pour être en vol très régulier. Il continue, parcourt trente kilomètres et se place ainsi troisième dans le classement du Grand-Prix de Champagne.

Mais on signale le départ de Blériot avec un passager, M. Alfred Leblanc. Le héros de la traversée de la Manche emporte dans les airs celui qui organisa sa fameuse traversée aérienne. Tous deux franchissent vers midi la ligne de départ, tandis que le buffet, bondé de spectateurs qui déjeunent, les applaudit. Le tour de piste, soit 10 kilomètres, est couvert par Blériot et son passager en 8 minutes 35 secondes. Ce sera un sérieux concurrent pour l'épreuve spéciale des passagers de dimanche prochain.

Bétheny-Aviation, 1 heure.

On vient de mesurer officiellement la distance couverte par Paulhan dans son record du monde d'hier. Celui-ci s'établit définitivement par 133 kilomètres 700 mètres.

Paulhan est arrivé ce matin à dix heures au champ d'aviation. Il a été encore complimenté et félicité surtout par ses concurrents. Nous lui avons demandé quelles étaient ses intentions. Fort modeste, et tenant à nous dire tout d'abord qu'il ne fallait pas vouloir trop entreprendre, il nous a cependant laissé entendre qu'il allait disposer son appareil pour recevoir un réservoir d'essence plus considérable. Les modifications vont être faites assez rapidement et peut-être demain assisterons-nous à une envolée plus sensationnelle encore.

La foule est déjà considérable, les buffets bondés et les tribunes garnies. Aux populaires, il y a déjà dix mille personnes. Les douze restaurants en plein air qui sont installés dans cette catégorie de places sont assaillis et pris d'assaut.

Le vent est nul et tous les appareils se préparent à prendre leur vol.

Bétheny-Aviation, 26 août, 3 heures.

Hubert Latham est parti à 2 heures 15 avec un nouveau monoplan. Il a actuellement couvert plus de quarante kilomètres, malgré le vent assez fort qui s'élève et qui accuse une vitesse de six à sept mètres à la seconde.

Le temps devient menaçant et il pleut depuis dix minutes. Malgré cela, Hubert Latham continue.

Bétheny-Aviation, 3 heures 30.

Hubert Latham vient de terminer 70 kilomètres dans le temps de 1 heure 3 m. 6 s.

Il y a un vent de 5 à 7 mètres à la seconde, et il est seul à voler actuellement sur l'aérodrome. La pluie vient de cesser.

Bétheny-aviation, 4 heures.

Hubert Latham a couvert 100 kilomètres en 1 heure 28 minutes 17 secondes.

La foule l'acclame.

Il continue à voler et il est toujours seul sur l'aérodrome.

Bétheny, 26 août.

M. Millerand, ministre des travaux publics, a fait connaître à M. de Polignac, président du comité d'organisation, son intention de se rendre demain au champ d'aviation.

Le ministre désire, au cours de cette seconde visite, se rendre personnellement compte des progrès accomplis. Il sera accompagné par le chef de son cabinet technique.

Bétheny, 26 août.

Les commissaires sportifs viennent de communiquer aux concurrents les dernières dispositions qui viennent d'être prises pour disputer samedi la Coupe Gordon-Bennett internationale ainsi que le prix des Passagers et le prix de l'Altitude.

Voici le texte de la circulaire qui a été notifiée aux concurrents :

Hubert LATHAM, pilote du monoplan Antoinette ; il a presque réussi la traversée de la Manche. On ne compte plus ses succès ; à Berlin, il passa dans une bourrasque au-dessus des faubourgs à la vitesse de plus de 100 kilomètres à l'heure ; il souleva un tel enthousiasme que la musique allemande fit entendre la Marseillaise. — ND Phot.

F

Les frères VOISIN.

Dispositions spéciales pour les journées des 28 et 29 août

Coupe Gordon-Bennett internationale. — Sont qualifiés :

Amérique : M. Curtiss, Américain ;

Angleterre : M. Cockburn, Anglais ;

France : M. Lefebvre (appareil nº 25), Français ; M. Blériot (appareils nºs 22 et 23), Français ; M. Latham (appareil nº 13), Français.

Suppléants pour la France : M. Tissandier (appareil nº 4), Français ; M. Latham (appareil nº 29), Français ; M. Paulhan (appareil nº 20), Français ; M. Sommer (appareil nº 6), Français.

Le départ de la Coupe Gordon-Bennett aura lieu de dix heures du matin à cinq heures du soir. L'ordre de partir sera donné aux concurrents jusqu'à cinq heures. Mais il est entendu que le concurrent, pour que le départ soit bon, doit avoir franchi en plein vol la ligne de départ devant les chronométreurs à 5 heures 30 au plus tard. Le temps enregistré de 5 heures 30 sera le seul dernier valable. Dans le cas où aucun départ n'aurait été enregistré dans les conditions ci-dessus, l'épreuve serait remise au lendemain, mêmes heures et mêmes conditions.

Même si un seul concurrent a pris le départ, la course sera bonne et elle sera attribuée si le parcours est accompli, ou annulée si les 20 kilomètres ne sont pas couverts. Par interprétation de l'article 3 du règlement il reste entendu que la tentative unique ne commence que le poteau de départ franchi en plein vol, comme il est dit ci-dessus. Sur la demande de M. Blériot, les commissaires sportifs ont décidé de l'autoriser à partir dans la Coupe Gordon-Bennett, soit avec l'appareil n° 23, avec lequel il s'est qualifié, soit avec l'appareil n° 22, avec lequel il a battu le 24 août le record des dix kilomètres.

Prix des Passagers (samedi 28 août et dimanche 29 août 1909). — Les départs seront donnés *ad libitum* de 10 heures du matin à 7 heures du soir.

Prix de l'Altitude (dimanche 29 août 1909. — Le Prix de l'Altitude sera disputé le dimanche 29 août, de 3 heures du soir à 7 heures du soir.

Reims, 3 heures 15.

A trois heures, a eu lieu dans Reims même sur la place du Boulingrin un départ de ballons sphériques. C'est un concours d'atterrissage organisé par l'Aéro-Club de France. Douze sphériques se sont élevés dans les airs. Un public très nombreux assistait aussi à cette manifestation. Beaucoup de dames sont parties comme passagers, notamment Mme Surcouf, présidente de la Stella, et Mme Blériot. Des automobiles sont parties à la poursuite des ballons. Il y a eu un grand mouvement aux places populaires quand on a vu du champ d'aviation les sphériques s'élever, tandis que des aéroplanes évoluaient sur la piste.

L'émotion déjà grande est devenue intense dans tout le public, et même dans le monde presque tout entier ; les journaux ne se contentent plus de publier des éditions du matin et du soir ; on leur demande davantage, des éditions spéciales ; *Le Temps* lui-même en gros caractères publie :

DEUXIÈME ÉDITION

Béthony, 4 heures 1/2.

Hubert Latham a couvert 150 kilomètres en 2 heures 13 minutes 9 secondes 3/5.

Latham continue à voler.

4 heures 40.

Latham vient d'atterrir ayant fait 154 kilomètres 500. C'est le record de la distance.

LATHAM BAT LE RECORD DE DISTANCE

154 KIL. 500 EN 2 HEURES 18 M.

Reims, 26 août.

Nous allons de surprise en surprise, d'étonnement en étonnement. Cependant notre enthousiasme croissant semble plus réservé. Nous nous en étonnons nous-mêmes, mais en réalité, c'est que nous sommes stupéfiés, que notre cerveau subit trop intensément et trop rapidement répétées des sensations d'une espèce nouvelle. Nous venons de voir Hubert Latham, admirable, dépasser

150 kilomètres de vol. On lui a fait une ovation moins délirante qu'à Paulhan. Moins de transports l'ont salué à son retour, moins de vivats. Il les méritait cependant, car il n'a pas triomphé de son concurrent de la veille par un temps où les cerfs-volants ne sortent pas. Comme Paulhan, il a dû lutter et peut-être plus énergiquement encore contre les éléments ligués. Mais il en est ainsi parce que le problème de la navigation aérienne par le plus lourd que l'air ne se pose plus, parce qu'il est résolu et qu'il ne faut maintenant qu'améliorer, perfectionner.

Aujourd'hui, cinq ou six aviateurs ont accompli dans leurs essais un tour de piste au minimum, soit dix kilomètres. Eh bien, on en parlait à peine. Le public considérait déjà que c'était peu. Il oubliait ou négligeait de regarder ce spectacle que les plaines de Champagne nous ont seules offert, cette vision de l'homme qui vole, attendue depuis des siècles, depuis que l'homme lui-même a pensé.

Le héros du jour, Hubert Latham, un peu plus tard le comte de Lambert, occupèrent seuls les foules.

Le premier réalisa un exploit qui a son mérite non seulement par la distance parcourue, mais surtout à cause des conditions dans lesquelles il s'est accompli.

Parti à onze heures du matin avec un vent faible, mais par un temps douteux, très incertain, avec des orages à l'horizon, Hubert Latham ne s'est arrêté une première fois que parce que son moteur, qui pourtant avait été vaillant, l'y a forcé. Il a ensuite subi la pluie, des averses, des sautes de vent atteignant sept mètres. Par deux fois vers Witry-lez-Reims, à l'opposé des tribunes, il a passé dans la queue d'un orage qui s'abattait un peu plus loin ; il a été pris par des remous, entraîné dans des tourbillons de vent. Rien ne l'a arrêté.

Il s'est défendu contre le vent autant que Paulhan, plus peut-être, et par instants à la lorgnette on le suivait anxieusement, emporté comme un grand oiseau dans la tourmente. Ainsi il couvrit, avec un premier appareil, son nº 13, la distance de 70 kilomètres. C'est seulement quand son moteur faiblit qu'il dut revenir à terre. Dès que l'atterrissage de Latham fut signalé, l'équipe des voitures automobiles Grégoire, qui assure son service comme à Sangatte, emporta son équipe de mécaniciens pour ramener l'appareil. Hubert Latham revint aussitôt après dans une première voiture ; inlassable, il prépara son autre monoplan, le nº 29.

A deux heures dix, il repartait, et de nouveau reprenait sa lutte contre l'atmosphère. Les tours succédaient aux tours ; les kilomètres s'ajoutaient aux kilomètres.

Quinze fois, Hubert Latham repassa devant les tribunes. On applaudissait à chaque passage le pilote, l'appareil le plus merveilleux et le plus esthétique de tous les oiseaux mécaniques que nous ayons vus jusqu'à ce jour. Mais le moteur avait donné son effort, un bel effort, puisqu'il dura environ deux heures quinze minutes, et après son quinzième passage, après le pylône qui, au loin vers Witry, délimite la piste, le grand oiseau descendit, s'abattit malheureusement en brisant son aile gauche. Latham était indemne, désolé seulement de cet arrêt, car il avait encore une provision d'essence suffisante pour voler pendant une heure au moins.

Ainsi Latham avait battu Paulhan. Il devenait tenant du Grand-Prix de Champagne avec 154 kilomètres 500 mètres, recordman du monde de la distance avec 154 kilomètres 620 mètres.

Les signaux affichèrent ce résultat. Tandis qu'aux populaires on acclamait, que les sirènes retentissaient et que les tribunes se préparaient à faire à Latham à son retour une ovation méritée, dans les hangars les concurrents, étonnés eux-mêmes de l'exploit accompli, attendaient pour le féliciter le nouveau recordman que nous avons vu à son retour et qui, nullement fatigué, semblait avoir supporté très facilement ce long voyage dans l'atmosphère. Comme nous l'interrogions du reste sur ses impressions, Hubert Latham nous avoua qu'il avait peu de choses à nous répondre, peu à nous dire, puisqu'il avait fait un voyage heureux sans histoire.

Après cet exploit, Latham peut se consoler de

sès échecs lors de ses deux tentatives malheureuses de la traversée de la Manche. Il peut se consoler parce que si le jour où il est parti de Sangatte son moteur avait été dans d'aussi bonnes dispositions qu'aujourd'hui, ce n'est pas à Douvres, mais à Londres qu'il aurait pu atterrir. Il peut aussi penser que si au lieu de tourner autour des pylônes de Bétheny il était parti en ligne droite, il aurait pu très aisément accomplir le parcours de Reims à Paris. Mais ce sont là, on le sent déjà, des possibilités qui seront réalisées demain.

Entre temps, l'Américain Curtiss avait accompli, le vent ayant baissé un peu, la distance de trente kilomètres, se classant ainsi dans le Grand-Prix de Champagne.

Paul Tissandier avait pris également un départ, mais s'était arrêté après un tour, ainsi que Roger Sommer, sur lequel on fondait pourtant de grandes espérances.

Quant à Lefebvre, le très habile pilote de la société l'Ariel, il joue de malheur : une partie de son réservoir d'essence s'est dessoudée et l'a soudain immobilisé après le départ. Lefebvre, que nous avons vu hier en compagnie de M. Michel Clemenceau, administrateur délégué de la société l'Ariel, nous a dit qu'il abandonnait sa chance dans le Grand-Prix de Champagne. Il va gréer son biplan Wright pour faire de la vitesse et il se réserve exclusivement pour la Coupe Gordon-Bennett.

A quatre heures et demie, quelques instants après le second atterrissage de Hubert Latham, le comte de Lambert, qui sur son biplan Wright avait pris une mauvaise envolée le matin, a passé cette fois la ligne de départ. Le temps s'était calmé et très régulièrement l'aviateur russe prit son vol à une allure de 60 kilomètres à l'heure, le kilomètre à la minute. Il marchait très régulièrement, sans à-coups; lui aussi, à son tour, marqua un, deux, cinq, dix passages au poteau de départ. Les 100 kilomètres étaient dépassés une troisième fois au cours de ce meeting unique. Le public, de plus en plus intéressé, suivait les évolutions de l'aviateur premier élève de Wilbur Wright. Le record de Latham allait-il être atteint? Un onzième tour fut couvert : 100 kilomètres étaient accomplis.

Le temps de plus en plus calme laissait espérer la possibilité de voir encore le Grand-Prix de Champagne changer de titulaire. Mais soudain, après 116 kilomètres parcourus, le biplan revint à terre. On partit aux renseignements à travers champs pour apprendre tout simplement que le manque d'essence seul avait causé l'arrêt de l'appareil : le réservoir était de trop faible dimension pour permettre de marcher plus longtemps. Le comte de Lambert avait, en effet, emporté un réservoir de 45 litres seulement, alors qu'il aurait pu se munir plus utilement d'un réservoir de plus grande capacité, qu'il possède du reste. Quand nous avons consulté à ce sujet le comte de Lambert, celui-ci nous a dit qu'il avait été induit en erreur par les constructeurs du moteur sur la consommation de celui-ci. C'est ainsi, peut-être, qu'un manque d'attention peut coûter toute une gloire.

Tandis que le comte de Lambert terminait son parcours, deux accidents, fort heureusement sans suites graves, se sont produits.

Le premier a eu pour théâtre une prairie située dans le champ de courses, derrière un petit bois de sapins, à gauche des tribunes. L'aviateur Rougier, qui pilote un biplan dont il terminait la mise au point, venait de prendre un départ, mais une mauvaise direction. La foule était assez proche, pressée contre la barrière qui entoure l'aérodrome. L'aviateur ne se sentant pas maître de son appareil n'hésita pas à franchir et le public et la barrière. Mais à ce moment, brusquement le moteur s'arrêta et l'appareil revint à terre. Une spectatrice, Mme Villars, qui se trouvait près de l'atterrissage, fut prise de frayeur et s'évanouit en voyant tomber l'appareil qui ne la toucha pas ; mais il n'en fut pas de même pour un autre spectateur, M. Arthur Bon, qui avec sa femme était assis sur la prairie en train de manger un repas froid. Une des roues sur lesquelles repose à terre l'aéroplane vint le heurter au pied assez violemment. Lui aussi s'évanouit. On se précipita au secours des deux personnes et les ambulances arrivèrent aussitôt sur le terrain. Mais il n'y avait heureusement rien de grave. La spectatrice s'était remise de sa syncope et le médecin-major de service dit que M. Bon en sera quitte pour une entorse.

Nous n'étions pas cependant au terme de nos émotions. Vers six heures et demie, Blériot, qui avait dans la matinée fait un essai sur un tour de piste en compagnie de M. Alfred Leblanc, sur un des deux monoplans avec lequel il est qualifié pour la Coupe Gordon-Bennett, voulut tenter un nouveau vol. Il est certain qu'il était peut-être imprudent, à la veille de la Coupe Gordon-Bennett, de risquer un appareil qui a les plus grandes chances. Mais Blériot était désireux d'emmener un de ses amis, M. Dath. « C'est simplement, lui dit-il, pour une courte promenade ; je veux seulement vous donner l'impression d'un petit voyage en aéroplane. » Blériot partit, évolua et voulut revenir atterrir devant le public face aux tribunes. Mal lui en prit Au moment où il préparait sa descente, un peloton de dragons se préparait à traverser la piste, mais ne s'y était pas encore engagé. Blériot crut qu'il ne pouvait pas atterrir au devant du peloton. Il essaya de passer entre les chevaux et la clôture du pesage.

Mais l'appareil, qu'il ne dirigeait plus, dès qu'il eût touché terre, vint s'abîmer contre la palissade en bois du pesage. Un craquement se fit entendre et sur dix mètres la clôture fut éventrée. L'appareil, piquant du nez, était en terre.

On craignit une catastrophe. Mais pas un des spectateurs n'était atteint. Tous s'étaient retirés assez tôt. Il n'y eut même pas une égratignure et ceci fut encore miraculeux. Quant à Blériot et à son passager ainsi débarqué, qui se souviendra de sa première sortie, ils étaient eux aussi sains et saufs. C'est l'appareil qui avait le plus souffert. L'aile droite était brisée et toute la nuit les mécaniciens et leurs aides vont travailler pour essayer de le remettre en état.

Sur la fin du jour, Paulhan fit un vol d'essai avec son biplan sur lequel était déjà adapté un nouveau réservoir, véritable petit tonneau qui contient, paraît-il, 90 litres d'essence. Le champion d'hier se prépare pour une revanche qu'il espère prendre. On dit qu'il veut largement dépasser le cap des 200 kilomètres. Nous avons pour le dernier jour du Grand Prix de la Champagne. demain vendredi, ée belles luttes en perspective.

Voici maintenant les résultats sommaires à ce jour que les commissaires sportifs ont communiqués.

RÉSULTATS SOMMAIRES

Prix du Tour de Piste (10 kilomètres). — Classements à ce jour :

1 (n° 22) Blériot, 8 m. 4 s. 2/5.

2 (n° 8) Curtiss, 8 m. 11 s, 3/5.

Grand Prix de Champagne (distance) :

1 (n° 29) Latham, 154 k. 500.
2 (n° 20) Paulhan, 131 k.
3 (n° 7) de Lambert, 116 k.
4 (n° 13) Latham, 70 k.
5 (n° 8) Curtiss, 30 k.
6 (n° 25) Lefebvre, 21 k.

Dans la soirée, à huit heures et demie, un banquet intime a été offert au buffet des tribunes au triomphateur du jour, à Hubert Latham. La nuit était claire ; des étoiles piquaient le ciel et sur la plaine sombre qui s'étendait devant nous, on apercevait tressautants les phares d'une automobile qui remorquait à travers champs l'aéroplane de Rougier. L'immense oiseau mécanique, arrêté dans son essor très loin là-bas vers Vitry-lez-Reims, revenait blessé vers le nid, cependant que l'on sablait du champagne en l'honneur de Latham, fêté, entouré, acclamé par la foule élégante, qui, debout, tandis qu'on jouait la *Marseillaise*, tendait vers lui son verre.

La sixième journée

* * *

Vendredi 27 Août

Bétheny-Aviation, 27 août, midi.

Ce matin le temps est légèrement couvert. Le soleil se montre par éclaircies, mais le vent est favorable, c'est-à-dire faible, les flammes rouges flottent sur Reims et les automobiles et les piétons se dirigent vers Bétheny. On ne se lasse pas du spectacle admiré hier soir, et quoique nous y soyons habitués, nous ne demandons qu'à le revoir. Il est dix heures un quart. Les places populaires se garnissent. Dans les tribunes on s'installe déjà. L'animation n'est pas moins grande chez les aviateurs, c'est en effet le dernier jour du Grand-Prix de la Champagne. Ce soir seront attribués les 100,000 francs du prix du Second Grand Concours de Distance.

A 10 heures 20, Blériot est sorti le premier à bord d'un des quatre monoplans qu'il pilote ici.

C'est son numéro 25, mais l'envolée est de courte durée et Blériot atterrit aussitôt.

Voici Paulhan, toujours prêt, jamais en retard. Il a équipé son aéroplane pour voler plus longtemps encore que Latham ; un réservoir de cuivre énorme pour l'essence a été installé ; c'est en effet un vrai petit tonneau ; un second réservoir d'huile de vingt litres environ a également remplacé celui primitif de plus faible contenance. Le projet du jeune aviateur est d'essayer de battre les 154 kilomètres 620 de Latham et, s'il ne réussit pas, de recommencer. Mais son premier départ sera un simple essai pour s'assurer de l'incidence de sa cellule arrière, pour régler son équilibre modifié par suite de tous ces changements. A dix heures et demie, Paulhan, en effet, prend son vol, n'accomplit pas un tour et vient atterrir auprès du premier pylône.

Paulhan a fait ensuite un second essai avec son biplan équipé pour un long parcours. Mais il a été obligé d'atterrir à nouveau après un parcours de 2 kilomètres. On craint que les nouveaux dispositifs adoptés ne gênent la stabilité de l'appareil.

Aucun autre aéroplane n'est sorti dans la matinée, ce qui est extraordinaire, car le temps est splendide et le vent dépasse à peine trois mètres à la seconde. Mais il faut compter avec la négligence de la majorité des aviateurs, qui sortent toujours en retard. Beaucoup ont également de grosses difficultés pour la mise au point de leurs moteurs.

Bétheny-Aviation, midi 30.

M. Millerand, ministre des Travaux publics, est arrivé ce matin à la gare de Reims à onze heures. Il a été reçu par M. de Polignac, président du comité d'organisation, qui en automobile l'a conduit au champ d'aviation. M. Millerand était accompagné de M. Louis Marls, chef de son cabinet, de M. Le Vayer, chef du secrétariat particulier, ainsi que du préfet de la Marne.

Le Ministre s'est aussitôt rendu dans la tribune d'honneur au moment où Blériot, qui avait pris son départ quelques instants auparavant, finissait son premier tour.

A midi, sur la terrasse du buffet, un déjeuner intime de dix couverts a été offert au Ministre des Travaux publics, tandis que les aviateurs continuaient à voler.

Bétheny-Aviation, 1 heure.

Un accident vient d'arriver au biplan de Paulhan. Tandis que celui-ci essayait de prendre un troisième départ, Delagrange finissait un tour sur son monoplan n° 16. Paulhan fut-il surpris par l'arrivée de l'autre appareil, ou bien eut-il une fausse manœuvre? Il est difficile de l'établir. Quoi qu'il en soit, l'appareil, qui était sur un terrain incliné, fut pris par le vent de côté et se coucha. La cellule gauche fut brisée, tandis que l'hélice labourait le sol et était détruite. Il est impossible que Paulhan répare ses avaries avant ce soir et qu'il dispute maintenant à Latham sa chance. Le jeune aviateur est désolé. Il faut ajouter aussi que, nous le faisions déjà remarquer, les modifications apportées à son appareil avaient fait perdre à celui-ci un peu de sa stabilité.

Bétheny-Aviation, 2 heures.

Depuis l'accident survenu au biplan de Paulhan, aucun aviateur n'a pris son envolée. Le vent n'est cependant pas très fort; il ne dépasse pas quatre mètres à la seconde.

Après le déjeuner, le Ministre des Travaux publics et les personnes qui l'accompagnent sont allés visiter les hangars où les a conduits M. de Polignac.

Le Ministre s'est entretenu assez longtemps avec la plupart des aviateurs, notamment avec Hubert Latham et Paulhan. Il a fait aussi une halte assez longue au hangar de la Société l'Ariel; il s'est entretenu avec M. Michel Clemenceau, qui lui a présenté l'aviateur Lefebvre.

En ce moment le Ministre regagne la tribune officielle. Il s'est montré enchanté de ce qu'il avait vu, concernant l'organisation générale de tout le meeting, et il a vivement félicité M. de Polignac et les membres du comité d'organisation.

FARMAN GAGNE LES RECORDS DE DISTANCE ET DE DURÉE AVEC 180 KILOMÈTRES EN 3 H. 4 M. 56 S. 2/5.

Reims, 27 août.

On ne trouve plus de mots, plus de qualificatifs, pour exprimer ce que nous ressentons, pour décrire le spectacle inoubliable auquel nous assistons, pour dire nos visions, raconter nos nouvelles émotions, nos joies qui se continuent silencieuses tellement l'imprévu nous saisit. N'avions-nous pas tous rêvé le tableau qui hier s'est offert à nos yeux? Nous l'avons vu se matérialiser. Nous avons vu ce que des images fantaisistes nous avaient promis. Dans l'air conquis, tous les modes de la locomotion aérienne se sont trouvés réunis au même instant. Nous avons pu regarder évoluer ensemble les monoplans et les biplans rapides, tandis qu'au-dessus d'eux, plus lents, mais peut-être plus imposants, deux dirigeables sillonnaient la nue. C'étaient le *Colonel-Renard*, piloté par M. Henry Kapferer, et le *Zodiac*, dirigé par M. de La Vaulx, qui voulaient, eux aussi, planer sur le terrain de Champagne en cette fin de journée unique comme pour affirmer la conquête définitive de l'espace par l'homme.

Ce fut l'apothéose avant la fin de ce grand spectacle qui, deux jours encore, va nous retenir ici. Elle fut sublime, émotionnante au delà de toute expression. Nos cœurs étaient joyeux, pleins d'allégresse, car nous assistions à une victoire des sciences nouvelles qui restera dans les annales de l'humanité. C'est la France, encore une fois, qui aura marqué de son sceau la première page sur laquelle va désormais s'inscrire l'histoire des temps nouveaux. La période héroïque est terminée maintenant; mais elle aura été notre apanage, pour la gloire et pour l'honneur de notre race, et il faut adresser toute l'expression de notre gratitude à ceux qui ont eu la foi, à ce comité d'aviation de la Champagne que préside l'énergique et courtois M. de Polignac, qui nous a donné l'admirable spectacle qui s'impose à l'attention du monde entier.

La journée avait commencé par une déception, lorsqu'on apprit dans la matinée que Paulhan avait brisé son biplan. Le courageux aviateur se voyait en effet dans l'impossibilité de défendre sa chance; il dut rester spectateur attentif des prouesses de ses concurrents. Combien il dut le déplorer, lui qui est l'activité même! On ne saurait faire le même compliment à tous les aviateurs, dont certains, comme le comte de Lambert et Paul Tissandier, ont peut-être perdu la grande épreuve de la semaine d'aviation par un peu de nonchalance, qui seyait très bien à Wilbur Wright, dont ils sont les élèves, mais qui n'est plus de mise maintenant. C'est du reste un actif, un débrouillard, un champion de sport, Henry Farman, qui a été l'homme du jour, le vainqueur de l'épreuve, le recordman du monde de la durée, gagnant le Grand-Prix de Champagne avec 180 kilomètres.

Henry Farman est un vieux sportsman ; il avait préparé son épreuve comme on doit préparer une course. Il suffit d'être prêt au moment de gagner, à l'heure. Farman réalisa tout cela. Il fut servi par un temps très calme. Il partit à quatre heures vingt-six du soir et ne s'arrêta plus jusqu'à l'heure limite fixée pour le contrôle des épreuves : Il avait gagné ; il était le vainqueur. Mais il ne gagna pas avec maëstria. Il n'eut pas, il faut le dire, le public pour lui. En réalité il remplit les conditions du programme : parti au ras de terre à trois ou quatre mètres du sol, il n'abandonna pas cette faible altitude ; il ne donna pas l'impression du vol ; il ne put pas éclipser les prouesses de Latham et de Paulhan. Et si Farman est le vainqueur sur le papier, son exhibition d'hier ne nous a pas montré l'appareil volateur. Ce n'est pas celui-là, ou du moins il en donne l'impression, qui franchira les plaines et les bois.

Sans vouloir demander l'esthétique du vrai grand oiseau de Latham, nous espérions une envolée comme celle de Paulhan. Il n'en fut rien. Pourtant Farman ne luttait contre aucun vent, tandis que Paulhan et Latham luttèrent contre les éléments. Ce sont ces deux-là qui resteront les deux triomphateurs, moraux et réels, de la grande épreuve qui vient de se disputer.

Paul Tissandier accomplit aussi un beau vol de 111 kilomètres; mais il partit trop tard dans l'après-midi, et matériellement il ne pouvait aspirer à la première place; regrettons-le. Quant à Latham, il fut l'idole du public, le champion acclamé, couvrant avec son monoplan nº 13 cent onze kilomètres, mais à quarante mètres d'altitude, planant au-dessus de ses concurrents, les dépassant en vitesse, tandis que comme Henry Farman ils semblaient ramper à terre. Regrettons aussi que la stupide panne mécanique ait empêché le pilote du plus élégant des appareils, du plus beau à voir, de continuer encore et d'avoir la place qu'il méritait.

Mais nous n'avons pas dit que la foule était venue nombreuse assister à ces performances. Le pesage et les tribunes étaient remplis. Quant aux places populaires, plus de vingt mille personnes y étaient entassées et l'on peut évaluer de soixante à soixante-dix mille personnes le nombre des curieux réunis autour de l'aérodrome. Le spectacle valait le dérangement.

Nous eûmes d'abord, au commencement des vols, vers les quatre heures, un passage simultané de trois aéroplanes devant les tribunes : très haut, comme toujours, Latham, sur son monoplan, dépassait deux de ses concurrents, Roger Sommer et Henry Farman, qui naviguaient à peu près de conserve, très près du sol. Mais on eut à peine le temps de s'enthousiasmer, d'applaudir, d'acclamer, car déjà d'autres machines volantes venaient vers la ligne de départ s'élancer à leur tour.

Ce fut ainsi pendant trois heures durant ; quinze aéroplanes prirent leur envolée, tournèrent autour de l'immense aérodrome, passèrent et repassèrent devant les spectateurs émotionnés, emballés, qui battaient des mains, criaient, agitaient les mouchoirs, les chapeaux, les casquettes.

Vers cinq heures le mât des signaux indiqua qu'un dirigeable était en vue. Le *Colonel-Renard,* en effet, apparaissait au-dessus de Reims, se dirigeant vers Bétheny ; d'abord très estompé dans le ciel, il grossit à la vue et un rayon de soleil propice éclaira le vaisseau aérien qui évoluait pour prendre son départ et concourir dans le prix des Aéronats, destiné à celui des ballons dirigeables qui aura fait le meilleur temps sur cinq tours du circuit, soit 50 kilomètres. Mais le *Colonel-Renard* n'en accomplit qu'un seul, en quinze minutes quarante secondes, pour être exact, tandis que biplans et monoplans évoluaient au-dessous de lui.

Le dirigeable militaire évoluait encore lorsqu'à son tour le ballon dirigeable démontable *Zodiac,* que pilotait M. Henry de La Vaulx, sortit du hangar qui lui est réservé près des tribunes, très élégant, mais de plus petit volume. Le *Zodiac* se mit aussi en devoir de prendre son départ pour le même prix, mais une fausse manœuvre fit craindre un instant une catastrophe. Le petit dirigeable, par suite sans doute d'une condensation soudaine, ne prenait pas rapidement son altitude et c'est de justesse qu'il passa près de la cabine des chronométreurs, sur la terrasse de laquelle se trouvait à ce moment-là M. Doumer. Mais ce ne fut qu'une émotion et bientôt le *Zodiac* évolua à son tour. Deux dirigeables, cinq aéroplanes tenaient l'atmosphère au même moment.

Mais le jour baisse. Le *Colonel-Renard* renonce à poursuivre l'accomplissement du parcours de 50 kilomètres et met le cap vers Reims et le champ de manœuvres pour reprendre son hangar. Le *Zodiac* à son tour, sous les yeux du public très intéressé, fait un atterrissage parfait et réintègre son abri, tandis que Henry Farman vole toujours.

Entre temps, Curtiss, le champion qui défendra les couleurs américaines dans la Coupe Gordon-Bennett, fait un essai sur un tour de piste. Le chronomètre accuse 8 minutes 9 secondes, tandis que le meilleur tour de Blériot, qui, lui aussi, a essayé son monoplan réparé, est de 8 minutes 4 secondes. La lutte promet d'être vive demain.

La nuit tombe. On perd de vue Farman, tandis qu'il s'en va vers Witry-lez-Reims, continuant, inlassable. Les commissaires sportifs s'inquiètent, organisent un contrôle, très difficile à assurer par suite de l'obscurité qui vient. Mais l'heure limite de la fin de l'épreuve approche, A sept heures et demie Henry Farman passait une dernière fois le poteau de départ, Il était victorieux. Le Grand-Prix de Champagne était couru. Une fois encore, dans la nuit, Farman fit le tour de l'aérodrome. Puis il vint atterrir en face des tribunes, où le public le fêta et l'acclama, mais avec moins de chaleur qu'on ne l'avait fait pour Latham et Paulhan.

Voici maintenant les résultats de cette épreuve, ainsi qu'ils nous sont communiqués :

Grand-Prix de Champagne (distance) :

1 (n° 30) Farman, 180 k.
2 (n° 29) Latham, 154 k. 500.
3 (n° 20) Paulhan, 131 k.
4 (n° 7) de Lambert, 116 k.
5 (n° 13) Latham, 111 k. (les 110 kilomètres en 1 h. 38 m. 51 s.).
6 (n° 4) Tissandier, 111 k. (les 110 kilomètres en 1 h. 46 m. 52 s. 2/5).
7 (n° 6) Sommer, 60 k.
8 (n° 16) Delagrange, 50 k.
9 (n° 23) Blériot, 40 k.
10 (n° 8) Curtiss, 30 k.
11 (n° 25) Lefebvre, 21 k.

Les prix sont ainsi attribués :

1er prix, 50.000 fr., Henry Farman.
2e prix, 25.000 fr., Hubert Latham.
3e prix, 10.000 fr., Paulhan.
4e prix, 5.000 fr., de Lambert.
5e prix, 5.000 fr., Hubert Latham.
6e prix, 5.000 fr., Tissandier.

Record du monde battus :

Record de distance par Henry Farman, avec 180 kilomètres.

Record de durée par Henry Farman, avec 3 heures 4 minutes 56 secondes 2/5.

Le ministre des travaux publics et les personnes qui l'avaient accompagné sont repartis dans la soirée pour Paris. M. Millerand a suivi toutes les différentes épreuves du haut de la plate-forme installée au-dessus de la cabine des chronométreurs en face du départ. C'est seulement lorsque Farman a atterri que le ministre des travaux publics est revenu aux tribunes, où il a dîné. M. Millerand, qui a été reconduit à la gare par les membres du comité d'organisation, a exprimé à M. de Polignac, son président, toute sa satisfaction d'avoir assisté à une aussi inoubliable journée.

Glen CURTISS, Aviateur Américain, a piloté à Bétheny un biplan Herring-Curtiss : il fut classé 1er Coupe Cordon-Bennett et devint ainsi détenteur du record du monde de la vitesse.

Louis PAULHAN, à 18 ans s'engagea aux aérostiers militaires et travailla sous les ordres du Capitaine Ferber à des expériences d'aviation En 1905, il participa aux ascensions du dirigeable « Ville de Paris » — En 1909, il remporta des succès répétés, à Issy, Bétheny, Port-Aviation, Blackpool ; sa hardiesse et son habileté l'ont fait surnommer l'« Homme du Vent ». — ND-Phot.

La septième journée

◇ ◇ ◇

Samedi 28 Août

Bètheny-Aviation, 28 août, 11 h.

Ce matin, une brume épaisse s'étendait sur Reims, encore plus dense sur le champ d'aviation dont on apercevait à peine les limites à neuf heures du matin. Mais le soleil a fini par percer l'épais manteau de brouillard qui s'est rapidement évanoui. Une journée très chaude s'annonce maintenant. Le temps est absolument calme, idéal.

Les commissaires sportifs viennent de donner les dernières instructions pour la journée, qui modifient quelques dispositions prises jusqu'ici. Il a été notamment décidé qu'aujourd'hui et demain, les départs pour l'épreuve du tour de piste ne pourront être donnés après six heures et demie du soir, et le chronométrage de toutes les épreuves ainsi que leur contrôle s'arrêtera à sept heures du soir. En conséquence, les derniers départs pour le prix des Passagers ne pourront être donnés que jusqu'à six heures et demie du soir.

Il y a eu également une réunion des concurrents de la Coupe Gordon-Bonnett qui sont qualifiés : Curtiss, Américain ; Cockburn, Anglais ; Lefebvre, Blériot et Latham, Français, ainsi que les suppléants français Paul Tissandier, Paulhan et Sommer. M. Cortland, Bishop, président de l'Aéro-Club d'Amérique, et M. Wallace, président de l'Aéro-Club d'Angleterre, étaient également présents.

Aussitôt que les dernières instructions furent données, Curtiss déclara vouloir faire un essai avant de prendre le départ pour couvrir les 20 kilomètres du concours imposé pour cette épreuve internationale. Ainsi qu'il a été notifié aux concurrents de la Coupe Gordon-Bennett, on sait qu'ils sont libres de partir de 10 heures du matin à 5 heures du soir, mais il a été bien entendu que chaque pilote avant de prendre son départ devra déclarer et signer sur le livre du commissaire, s'il entend concourir pour la Coupe Gordon-Bennett.

Les conditions de cette épreuve indiquent, en effet, que chaque concurrent n'a droit qu'à un départ unique. Par conséquent chacun des concurrents, avant la limite d'heures fixée, qui aura passé une seule fois le poteau en plein vol, ne saurait reprendre un nouveau départ pour la Coupe Gordon-Bennett. C'est, en somme, une difficulté que l'obligation d'un départ unique, c'est-à-dire l'impossibilité pour un concurrent d'améliorer son temps.

Bétheny-Aviation, 11 h. 30.

On annonce que plusieurs concurrents réclameraient contre la première place attribuée à Farman dans le grand prix de Champagne, parce que Farman aurait couru avec un moteur qui n'était pas le même que celui qu'il avait sur son biplan lorsqu'il s'est qualifié pour cette épreuve.

Bétheny-Aviation, midi.

Jamais la foule n'a été aussi matinale. Il y a, à dix heures du matin, plus de dix mille personnes autour de l'aérodrome.

A dix heures un quart Curtiss part pour un tour de piste. Il vole magnifiquement, s'en allant rapide et quand on affiche le résultat qui annonce que le record des dix kilomètres est battu en 7 minutes 55 secondes 2/5, c'est de l'enthousiasme parmi la colonie américaine très nombreuse aux tribunes. Aussi Curtiss se décide-t-il le premier à partir pour la coupe Gordon-Bennett.

A 11 h. 45, il prend cette fois son départ et accomplit très régulièrement ses deux tours de piste. Les dix premiers kilomètres sont couverts en 7 minutes 57 secondes 2/5; les dix seconds en 7 minutes 53 secondes 1/5. Le record n'est pas atteint; mais le temps total excédant de 15 minutes

5o secondes 3/5 est enregistré à l'actif de l'aviateur américain qui rentre au hangar félicité et acclamé par ses compatriotes.

Au moment où l'Américain court son parcours, Blériot part pour un tour de piste d'essai avec son appareil n° 22. On attend avec anxiété le temps téléphoné à l'affichage par les chronométreurs officiels. Blériot vient de couvrir les 10 kilomètres en 7 minutes 58 secondes 1/5. Les deux champions américain et français doivent être à quelques secondes l'un de l'autre. L'émotion est à son comble. Du départ et de la réussite de Blériot va dépendre l'attribution du trophée, car aucun autre appareil, à moins d'une surprise qu'on ne peut prévoir, ne saurait battre le champion américain.

Le dirigeable démontable *Zodiac* vient de faire une nouvelle sortie. Il s'est élevé derrière les tribunes et il évolue maintenant au-dessus du champ d'aviation.

Les buffets sont remplis de monde. On peut difficilement trouver place pour déjeuner. Les automobiles continuent à arriver par longues théories. Les piétons encombrent les routes, et tous les trains qui arrivent à la gare du Fresnois-Aviation sont bondés. La chaleur est de plus en plus forte. Un après-midi torride se prépare.

Bétheny-Aviation, midi 30.

Lefebvre, le premier Français qualifié pour la Coupe Gordon-Bennett, vient de prendre le départ.

A onze heures et demie, il n'avait fait aucun essai, ce qui ne l'empêcha pas de prendre une envolée splendide, malgré qu'il ait été désavantagé par un changement de moteur. Il a réussi à couvrir les 20 kilomètres en 20 minutes 47 secondes 2/5. C'est un temps très honorable, mais le champion américain n'est pas battu.

L'anémomètre officiel indique maintenant trois à cinq mètres à la seconde. Si ce changement dans le régime du vent augmente, probablement Blériot et Latham attendront-ils la fin de la journée pour partir.

Bétheny-Aviation, 1 heure.

A midi quarante, Blériot part à nouveau pour le Tour de piste. Mais il ne réussit pas à battre son temps précédent ni le temps de Curtiss. Il a couvert les 10 kilomètres en 7 minutes 59 sec. 2/5. On rentre l'appareil au hangar pour vérifier à nouveau le moteur.

Bétheny-Aviation, 2 h. 15.

A deux heures, Blériot a fait une seconde tentative du Tour de piste, mais il a moins bien réussi que la première fois. Le public, assez anxieux, attendait devant le tableau d'affichage des tribunes, qu'on annonce le temps des dix kilomètres. Ce temps était seulement de 8 minutes 14 secondes 1/5.

Blériot est reparti de nouveau vers son hangar pour travailler à la dernière mise au point de son moteur.

Bétheny-Aviation, 2 h. 30.

Quoique le temps se soit tout à fait remis au calme, aucun aviateur ne songe maintenant à tenter un vol. C'est l'heure où l'on finit le déjeuner, où l'on s'attarde. Les aviateurs subissent la loi commune. Aussi ne se pressent-ils pas. La température est assez élevée, un peu accablante, et sous le soleil très chaud le public attend sans murmurer.

L'aérodrome a reçu aujourd'hui la visite de M. White, ambassadeur des Etats-Unis, qui accompagnait Mme Roosevelt et les enfants de l'ancien président de la République. Le duc de Vendôme est également venu à Bétheny.

M. Georges Cochery, ministre des Finances, vient d'arriver à Bétheny. En l'absence de M. de Polignac, président du comité d'organisation, qui fait en ce moment une ascension à bord du *Colonel-Renard* — lequel se dirige vers l'aérodrome — le ministre a été reçu par M. Raoul de Bary qui l'a conduit dans la tribune d'honneur.

Blériot vient de faire une nouvelle tentative ; mais il s'est arrêté après un kilomètre.

Reims, 28 août.

L'Amérique a gagné la Coupe Gordon-Bennett. Le premier trophée international de l'aviation confié à l'Aéro-Club de France pour le mettre en compétition entre les représentants de toutes les nations va passer l'Atlantique. Il nous faudra, si nous voulons le ravir maintenant, traverser l'Océan pour aller disputer ce challenge qui vient de nous échapper.

Notre seul espoir était en Blériot; mais le héros de la traversée de la Manche a été battu; insuffisamment prêt quand il fallait lutter, étourdissant de vitesse une heure après, alors que dans une envolée rapide, il battit à son tour sur la distance de 10 kilomètres le temps de Curtiss, son vainqueur de la Coupe, abaissant le record mondial de cette distance à 7 minutes 47 secondes 4/5. C'est la plus belle vitesse atteinte au cours du meeting, elle représente 77 kilomètres à l'heure.

Depuis le matin, alors que Curtiss, profitant du calme absolu, avait après un tour de piste effectué son départ régulier pour la Coupe, parcourant les 20 kilomètres en 15 secondes 3/5, ce qui est aussi un record du monde, nous vivions dans une attente fébrile. D'abord Blériot n'était pas près. Alors que l'Américain, et il faut l'en féliciter, avait pris toutes ses dispositions pour pouvoir gagner à l'heure fixée, notre champion étudiait encore son moteur; ce fut ainsi jusqu'au soir.

Les heures passèrent à tenter des tours de piste d'essai, et quelques minutes avant cinq heures, limite extrême des départs, Blériot n'était pas encore parti.

Avant lui, Lefebvre, notre représentant, avait

correctement accompli le parcours ; mais le pilote de l'Ariel avait un moteur neuf qui n'était pas au point et fit seulement en 20 minutes 47 secondes les 20 kilomètres.

Latham, troisième représentant de la France, lui aussi en retard, s'enleva seulement vers les 5 heures ; mais son monoplan, toujours splendide en son vol, n'était pas assez rapide. Les montres officielles accusèrent 17 minutes 53 secondes.

Le seul espoir était en Blériot. A la dernière minute, celui-ci, pour augmenter la vitesse de son appareil, n'hésita pas à couper vingt centimètres de la largeur de ses ailes pour réduire sa surface portante et il partit ainsi. Le premier tour accompli nous donna bon espoir ; on afficha 7 m. 53 s. 1/5, c'est-à-dire un temps égal au meilleur tour de Curtiss. Mais le tour suivant fut beaucoup plus lent : Blériot l'accomplit en 8 m. 3 s., perdant 10 secondes sur la vitesse de son tour précédent. Au total 15 m. 56 s. 1/5. Par 6 secondes nous perdions le trophée ; Curtiss triomphait et au mât des signaux on hissait le drapeau américain.

Le public a manifesté son désappointement. Il a semblé désolé de cette défaite après tant de triomphes sur ce terrain où les nôtres affirment une si écrasante supériorité.

Nous aurions pu l'éviter, il faut l'avouer, si nous avions été moins nonchalants, moins négligents, plus attentifs. C'est la première leçon qui nous est donnée dans l'aviation ; souhaitons qu'elle porte ses fruits et que ce ne soit pas comme dans l'automobile où nous avons montré trop souvent que nous ne savions pas nous organiser pour vaincre, alors que l'étranger nous en indiquait la manière.

C'est une école qui a triomphé dans le Coupe Gordon-Bennett : la victoire américaine est le résultat de l'effort ordonné, du travail rationnel. Curtiss est venu à Reims avec un but défini. Son appareil était affecté à la Coupe Gordon-Bennett, et seulement pour cela. A l'heure dite, il a été prêt. Ce matin à dix heures, il était en piste ; l'Américain a attendu l'heure favorable, le calme qui précède le milieu de la journée et il en a profité. C'était son droit. M. Soreau, le président de la Commission de l'Aviation de l'Aéro-Club de France, nous disait hier qu'il était permis d'affirmer que si Blériot avait effectué son parcours dans un temps absolument calme, comme Curtiss, il aurait largement regagné les six secondes qui ont causé sa défaite ; mais au moment où il a volé, un vent de trois mètres régnait et ce handicap fut suffisant pour perdre un trophée.

Nous sommes donc battus et bien battus. Que la leçon nous serve.

Le vainqueur d'hier, Curtiss, est un modeste par excellence. « Il est moins orgueilleux que Wilbur Wright », nous disait hier M. Cortland

Bishop, le président de l'Aéro-Club d'Amérique, qui ne trouvait pas de meilleur compliment à lui faire. Le champion américain s'occupe d'aviation depuis quatre ans seulement. Il est âgé d'une trentaine d'années. Il pratiqua beaucoup la bicyclette, ensuite la motocyclette, et il possède actuellement une fabrique où il construit lui-même des motocyclettes qui portent son nom. Il avait débuté à 12 ans comme vendeur de journaux et n'était venu au sport que quelques années plus tard. A ses débuts dans l'aviation, il avait travaillé avec le professeur Graham Bell, dont il pilota l'aéroplane appelé *Tetrahedical*. M. Cortland Bishop, président de l'Aéro-Club d'Amérique lui fournit des capitaux pour monter une usine d'aéroplanes. C'est M. Bishop qui, ayant foi en Curtiss, l'engagea, il y a deux mois, à Reims et le fit venir à ses frais d'Amérique.

Après sa victoire, l'aviateur américain a été quelques instants dans les tribunes où il a été présenté à M. White, ambassadeur des Etats-Unis, dans la loge duquel flottait après la victoire un drapeau américain. Mais Curtiss n'est resté que quelques instants et il est reparti très vite vers son hangar pour rester avec quelques amis.

Nous avons suivi Curtiss dans la petite cité où l'aviation et les aviateurs ont élu domicile, car il n'y a pas que les oiseaux volants qui sont abrités ici ; à l'intérieur de chaque construction on a édifié des logements où couchent les aviateurs et les mécaniciens. C'est ainsi que Curtiss a un home très confortable de trois pièces très sommairement meublées, mais décorées à profusion de drapeaux américains et d'emblèmes qui rappellent la patrie absente. Chez d'autres, il y a de véritables ateliers de réparations. Et puis le hangar de l'aviateur c'est le lieu où l'on se retrouve, où l'on se donne rendez-vous.

Aussi à quelles démarches ne se livre-t-on point pour avoir le droit de pénétrer dans l'enceinte sacrosainte. Un gendarme, deux contrôleurs et un commissaire spécial, M. Mœrdès, en défendent l'entrée. Malgré cela on est envahi. Chacun a une bonne raison pour aller voir de près les aéroplanes, les uns sous le prétexte d'en acheter, les autres parce qu'ils ont un parent ou un ami qui pilote un appareil, et le plus souvent, parce qu'il n'y ont aucun droit. Tout Paris se rencontre du reste dans ces constructions en planches. Sur ce sol inégal, Deauville et Trouville, Vichy et Aix-les-Bains ont émigré à Reims ; aussi la semaine d'aviation aura été en même temps une semaine mondaine et ce n'est pas un des moindres succès de cette gigantesque entreprise.

On visite surtout les aéroplanes vainqueurs et chaque aviateur a sa petite cour. Mais il y a les malheureux, les impotents, les oiseaux immobilisés, ceux qui n'ont pas franchi le départ encore. On regarde, on palpe les moteurs, les nouveaux systèmes. Ici les inventeurs sont légion et chaque aviateur est assailli par leurs propositions.

C'est là que se rencontrent tous ceux qui participent à ce mouvement industriel et commercial. Voici MM. Lœser et Echalié, les directeurs de la Compagnie Continentale, la célèbre fabrique de pneumatiques, qui a créé de nouveaux ateliers spéciaux pour les fortes toiles de ballons dirigeables et aéroplanes. On jugera de l'importance d'une production qui commence seulement si l'on considère que déjà les usines Continental ont fourni les enveloppes des dirigeables *Lebaudy*, *Colonel-Renard*, *Patrie*, *République*, *Liberté*, *Clément-Bayard* et d'autres aéronats. Cette même manufacture n'a-t-elle pas dix-sept aéroplanes que l'on peut dénombrer, qui sont tendus de ces tissus en toile Continental, sortant des mêmes usines ? Nous pouvons citer les appareils R. E. P., de M. Esnault-Pelterie, les monoplans de Blériot, les biplans de Tissandier, Gobron, de Lambert, Lefebvre, Paulhan, Bréguet et d'autres encore.

Voici M. Bouttard, directeur de la Banque automobile, dont nous disions, l'autre jour, l'initiative qui consiste pour l'aéroplane à être le même intermédiaire que pour l'automobile. On vendra désormais avec des six-cylindres un Wright ou un Blériot.

Du reste, le monde de l'automobile a compris quel avenir nouveau s'ouvre à lui après les exemples qui lui ont été donnés par des sociétés comme l'Ariel, dont M. Michel Clémenceau est l'administrateur délégué et qui s'est assuré le monopole de la vente de tous les appareils Wright. Un mouvement industriel se dessine. Des branches commerciales nouvelles se créent. Certaines de ces entreprises sont considérables, témoin ces ateliers immenses de l'Astra à Paris et à Beauval, près de Meaux, qui ont fourni tant de dirigeables et qui en ont encore plus en construction, notamment plusieurs d'un cube de six mille cinq cents mètres, qui seront d'immenses vaisseaux aériens.

Revenons vers les tribunes où le public est de plus en plus dense.

Lorsque les émotions de la Coupe Gordon-Bennett furent calmées, lorsque Blériot eut accompli son record du tour de piste, nous avons assisté aux envolées des concurrents du prix des Passagers. On sait que cette épreuve doit être gagnée par le pilote de l'appareil à bord duquel le plus grand nombre de passagers auront été enlevés, à la condition de couvrir un tour complet de l'aérodrome, soit 10 kilomètres. Dans le cas où plusieurs aéroplanes auraient enlevé le même nombre de passagers, le prix serait donné à l'appareil le plus vite sur la distance. Les passagers doivent peser au minimum chacun 65 kilos ; sinon on complètera le poids avec du lest.

C'est Henry Farman, pilotant son biplan avec lequel il couvrit 180 kilomètres, qui est parti le premier. Il emmenait avec lui M. Hewartson, du *Daily Mail*. Très facilement il s'enleva et couvrit ses 10 kilomètres en 9 minutes 8 secondes.

Après lui, Lefebvre, sur son biplan Wright, emporta notre confrère Frantz Reichel, du *Figaro*. Mais sa vitesse était moins grande : les 10 kilomètres s'accusèrent seulement en 11 minutes 20 secondes.

Enfin, dernier essai, mais plus sensationnel : Henry Farman emportait deux passagers, M. Hewartson et M. Letondal, un photographe. Vaillamment l'aéroplane s'enleva sans difficulté et aux applaudissements de la foule accomplit le parcours en 10 minutes 39 secondes.

Latham voulut également emporter un passager, M. de Soriono, et nous nous réjouissions déjà de le voir planer à son altitude habituelle. Mais un mauvais départ coucha le grand monoplan sur l'herbe, et une aile fut très légèrement endommagée. Espérons que nous aurons ce beau spectacle demain dimanche. Les sensations ne nous manqueront pas et la journée finale s'annonce exceptionnelle, car on disputera avec le prix de la Vitesse, le prix des Passagers et celui de l'Altitude.

Voici maintenant le communiqué quotidien des résultats officiels de la journée :

Coupe Gordon-Bennett internationale (20 kilomètres) :

Vainqueur, Curtiss (Aéro-Club d'Amérique), en 15 m. 50 s. 3/5.
2 Blériot (Aéro-Club de France), 15 m. 56 s. 1/5.
3 Latham (Aéro-Club de France), 17 m. 33 s.
4 Lefebvre (Aéro-Club de France), 20 m. 47 s. 3/5.

Prix du Tour de Piste (10 kilomètres), classement à ce jour :

1 Blériot (n° 22) 7 m. 47 s. 4/5.
2 Curtiss (n° 8) 7 m. 55 s. 2/5.

Prix des Passagers (10 kilomètres), classement à ce jour :

1 (n° 30) Henry Farman, avec deux passagers, 10 m. 39 s.
2 (n° 30) Henry Farman, avec un passager, 9 m. 52 s. 4/5.
3 (n° 25) Lefebvre avec un passager, 10 m. 39 s.

Records du monde battus :

10 kilomètres en 7 m. 47 s. 4/5, par Blériot.
20 kilomètres en 15 m. 50 s. 3/5, par Curtiss.

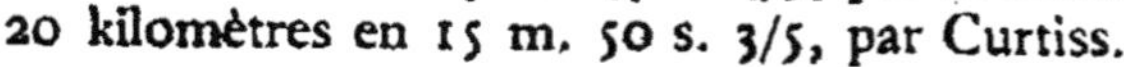

La huitième journée

ɞ ɞ ɞ

Dimanche 29 Août

Bétheny-Aviation, 29 août.

Le comité d'organisation de la semaine d'aviation, d'accord avec les commissaires sportifs, a fait annoncer ce matin aux engagés du meeting qui se termine aujourd'hui, que le comité, désireux de remercier les équipes de mécaniciens qui ont eu pendant cette semaine un si rude labeur, a décidé de créer aujourd'hui une épreuve spéciale dite « prix d'encouragement aux mécaniciens ».

Ce prix sera couru dans les conditions suivantes : tout aviateur qui prendra le départ aujourd'hui entre trois heures et cinq heures, recevra pour ses mécaniciens une prime de 5 francs par kilomètre parcouru en plein vol. Entre ces deux limites de temps, les escales et ravitaillements sont autorisés.

Cette épreuve ne se confondra pas avec les épreuves à courir dans la journée. Les concurrents n'auront droit qu'à un seul départ, Il sera, en outre, attribué aux pilotes des appareils qui auront couvert la plus grande distance, les prix ci-après : au premier 2,000 francs, 2e 1,000 fr., 3e 500 fr. Un seul pilote ne pourra gagner plus d'un prix, quel que soit l'appareil qu'il pilote. Inutile de dire que cette décision a été accueillie plutôt favorablement dans l'enceinte des hangars et l'on peut être certain que si la partie mécanique laisse en panne un aviateur aujourd'hui, ce sera au grand désespoir de l'équipe qui aura mis tous ses soins pour bénéficier de la largesse du comité d'aviation de Champagne.

Bétheny-Aviation, 29 août, 11 heures.

Il fait une journée splendide, ensoleillée, un temps admirable. Décidément, cette semaine d'aviation de Champagne connaîtra tous les succès, et la matinée de ce jour nous fait songer au temps affreux de dimanche dernier, tandis que nous nous rendions au champ d'aviation sous la pluie, tandis que les routes étaient presque désertes.

Ce matin, depuis l'aube, les curieux sont partis vers Bétheny dès cinq heures du matin. Certains avaient envahi le terrain, s'étaient installés dans les tribunes. Il avait fallu que le service d'ordre délogeât tout ce monde et ce ne fut pas facile. Sur toutes les routes, les piétons sont légion. La plupart portent des paniers de provision et des pliants, car ils prévoient une longue journée. Il y a douze heures à passer au grand soleil. Le soleil est très chaud et les ombrelles ouvertes dès huit heures ce matin en témoignent. Les autos sillonnent déjà les routes qui bientôt seront encombrées. Une usine d'automobiles, la maison Mors, a eu l'ingénieuse idée de faire placer très rapprochées sur toutes les routes qui se rendent aux tribunes, des poteaux indicateurs qui donnent aux touristes et aux piétons la distance et l'itinéraire à suivre. L'expérience a si bien réussi que la maison Mors va généraliser ces indications sur les principales routes de France. Les trains spéciaux venant de Reims ont été pris d'assaut dès neuf heures. Aux tribunes il y a un assez grand nombre de spectateurs, mais c'est surtout aux places populaires que le mouvement de la foule s'indique. Le service d'ordre a dû être renforcé, mais il est toujours merveilleusement organisé.

Bétheny-Aviation, midi.

On a commencé à voler de bonne heure ce matin. La multiplicité des épreuves que l'on dispute incite les aviateurs à se presser.

Les premiers, Paulhan et Blériot ont fait des essais, le premier de deux tours de piste, le second d'un tour, tandis que le *Colonel-Renard* faisant une nouvelle sortie, est venu planer au-dessus des tribunes.

A onze heures, après avoir fait son premier essai, Blériot a repris son monoplan rapide, avec lequel il a couru la Coupe Gordon-Bennett hier. Il venait de prendre un bon départ et de doubler le premier pylône, lorsque tout à coup on vit l'appareil s'enflammer en l'air et le monoplan brusquement précipité sur le sol, Projeté à terre, Blériot, qui avait les vêtements enflammés, se roula et parvint à éteindre les flammes, mais non sans se brûler un peu. Il se releva seul, et il ne put que contempler son merveilleux appareil dont le réservoir crevé fournissait un aliment facile aux flammes. On se précipita et l'on ramena Blériot à l'ambulance, tandis que dans le ciel un long panache noir montait et que des volutes de fumée indiquaient aux spectateurs le lieu de l'accident.

Blériot que nous avons vu tandis qu'on le soignait, et qui n'a heureusement que quelques brûlures à la main et une contusion à l'épaule, nous a raconté son accident :

« J'étais heureusement à une faible altitude, nous dit-il, lorsque tout à coup mon moteur cala, s'arrêta; par les soupapes entr'ouvertes, des flammes s'échappèrent et l'appareil prit feu presque instantanément; je ne m'explique ni pourquoi, ni comment; mais je fis un atterrissage forcé, brusque, à 80 kilomètres à l'heure. J'étais enveloppé de flammes. Heureusement je protégeai ma figure. Mais dans la chute j'ai été blessé au front, contusionné à l'épaule et surtout j'ai subi une très forte commotion. Je m'estime très heureux de m'en tirer pour ainsi dire indemne et d'avoir pu me dégager de mon appareil qui est complètement brisé, détruit, anéanti. »

Quelques instants après l'accident de Blériot, Louis Bréguet, qui essayait à son tour de prendre son départ, a culbuté aveo son appareil. Celui-ci est un peu endommagé, mais le pilote est indemne.

Bétheny-Aviation, 12 h. 30.

La foule afflue toujours. Des trains spéciaux ont amené d'Angleterre un fort contingent de voyageurs et des guichets supplémentaires ont dû être établis aux entrées.

Le *Colonel-Renard* qui évolue autour de l'aérodrome vient de couvrir le parcours de 50 kilomètres, imposé pour le prix des Aéronats. Il a effectué la distance en 1 h. 19 m. 45 s., soit à une vitesse de plus de 37 kilomètres à l'heure.

En même temps que le *Colonel-Renard* terminait son circuit, Bunau-Varilla, très en progrès et volant à une très belle altitude, vient de remplir les conditions du prix de la Vitesse. Il a couvert les 30 kilomètres en 38 minutes 30 secondes 4/5; mais son temps pour le classement doit être augmenté de deux vingtièmes de pénalisation parce qu'il n'a pas accompli le parcours dimanche et mardi derniers, c'est-à-dire durant la première et la seconde journée de ce prix. En conséquence

Bunau-Varilla s'inscrit dans le prix de la Vitesse avec 41 minutes 34 secondes.

Bétheny-Aviation, 29 août, 1 heure.

Les commissaires sportifs viennent de faire connaître leur décision au sujet de la réclamation qui avait été déposée par différents engagés contre M. Henry Farman, parce que celui-ci avait changé de moteur le jour où il a gagné le Grand-Prix de Champagne. Les commissaires sportifs ont, dans de longs considérants qui viennent d'être communiqués aux intéressés, motivé leur décision, qui conclut au rejet pur et simple de la réclamation déposée.

Bétheny-Aviation, 3 heures.

Il fait une chaleur torride. Les routes sont encombrées de monde. A droite et à gauche des tribunes, en bordure de la piste, la plaine est noire de spectateurs.

Le *Zodiac* vient de s'élever au-dessus de la piste; il se prépare à disputer au *Colonel-Renard* le prix des Aéronats.

Lefebvre et Latham disputent la course de Vitesse. Le premier vient d'améliorer son temps de dimanche dernier couvrant les 30 kilomètres en 29 minutes. Quant à Latham, avec son petit monoplan, il n'a pas terminé le parcours complet; mais il a effectué deux tours à une très grande hauteur.

On prend les dernières dispositions pour la course d'altitude, qui se dispute de trois à cinq heures, en même temps que le prix des Passagers. Un ballon vient d'être placé à 50 mètres de hauteur. Les concurrents devront s'élever au-dessus pour être contrôlés.

Reims, 29 août.

La grande semaine est finie. Les hommes-oiseaux qui se donnaient réunion, les ailes éployées, au-dessus des plaines désormais célèbres, pour désigner le meilleur, ne vont plus chaque jour enthousiasmer la foule. Comme une bande de grands volateurs soudain effrayés, ils vont se disperser à travers le monde afin d'aller montrer aux yeux d'autres peuples étonnés que l'atmosphère est conquise. Nous autres, qui les suivions dans l'air depuis des jours, nous les regretterons; ils faisaient déjà partie de notre existence.

Il nous est aussi pénible de songer que la ville provisoire où nous avons vécu huit grandes journées sera demain détruite, que sur le sol de l'Aéropolis d'hier, si vivante, si bruyante, bientôt reparaîtra le laboureur amoureux de sa terre qu'il fouillera profondément comme pour la purifier du contact de ceux qui ne croient qu'aux choses de l'air. Des sillons seront tracés à nouveau, les blés et les avoines reparaîtront, et rien ne marquera la place au-dessus de laquelle Farman a couvert

180 kilomètres, l'endroit au zénith duquel Hubert Latham, splendide, s'est élevé à 155 mètres au-dessus du sol. Et la pensée qui reste dominante, après cette éclatante manifestation terminée par une journée inoubliable, c'est qu'il n'est pas possible que cette œuvre soit sans lendemain, que l'effort admirable de ce comité d'aviation de la Champagne soit ainsi terminé, qu'il ne se continue pas.

Certes, si son président, M. de Polignac, n'écoutait que son dilettantisme raffiné, il serait plus élégant de finir ainsi en beauté. Mais si ce sentiment est compréhensible, il y a cependant, au-dessus de tout, le triomphe de l'idée qu'il faut poursuivre. Il y a aussi — et le mot n'est pas excessif — un peu de la gloire de la France. C'est sur notre pays tout entier que rejaillissent l'honneur et l'éclat d'une manifestation qui s'est imposée au monde entier. Le comité d'aviation de la Champagne comprendra le devoir qui lui incombe, justement parce qu'il a obtenu le colossal succès que nous avons enregistré, et nul mieux que lui ne pourra renouveler avec autant de sûreté et de maîtrise ce tournoi des locomotions aériennes.

Nous avons déjà dit la foule immense qui a assiégé l'aérodrome de Bétheny durant cette dernière journée. A la gare de Reims, on avait enregistré, depuis sept jours, un mouvement de 500,000 personnes. Mais dans la seule journée d'hier, il y a eu cent-vingt trains supplémentaires,

Le Capitaine FERBER
mort accidentellement en atterrissant à Boulogne-sur-Mer,
le 22 Septembre 1909.

Eugène LEFEBVRE, avait acquis une véritable maîtrise dans la direction des Wright-Ariel ; il emerveilla le public à Bétheny par la hardiesse et la grâce de ses évolutions. Il périt malheureusement à Juvisy, le 7 septembre 1909, au cours de vols d'essais. — ND Phot.

et une affluence qu'on évalue à peu près à cent vingt mille voyageurs.

Ce fut la cohue indescriptible. Ce fut certainement, pour un spectacle quelconque donné en France, le record des spectateurs. Toute cette multitude fut sage, disciplinée, tranquille. Mais aussi à quel spectacle n'assista-t-elle pas?

Nous eûmes d'abord la lutte de vitesse entre les aéronats. Ce match peu banal, le premier du genre, entre le petit *Zodiac* démontable et le *Colonel-Renard* plus imposant, se termina en faveur de ce dernier dirigeable. Tous les deux évoluèrent durant cinquante kilomètres autour de l'aérodrome. Le *Colonel-Renard* fit une meilleure vitesse en 1 h. 19, tandis que le temps du *Zodiac* était de 1 h. 25.

Tandis qu'à une assez grande altitude les deux vaisseaux aériens battaient l'air de leurs hélices, au-dessous d'eux les favoris de la vitesse, Latham et Curtiss, s'essayaient sur les trente kilomètres du parcours imposé pour le Grand-Prix de la Vitesse, qui s'était disputé dimanche et mardi dernier déjà. Paul Tissandier en était le tenant, mais il devait être battu deux fois, malgré que ses concurrents aient dû subir une pénalisation, conformément au règlement, pour n'avoir pas, dès le premier jour, accompli le parcours imposé.

Latham fit deux essais : l'un avec son grand monoplan, avec lequel il avait déjà couru mardi; l'autre avec le plus petit de ses appareils. Les vols furent ce que sont les envolées de Latham, c'est-à-dire à vingt ou trente mètres d'altitude, superbes, splendides, tels ceux d'une immense libellule. Avec le premier de ces appareils, Latham améliora son temps précédent, couvrant les 30 kilomètres en 25 minutes 18 secondes, soit avec la pénalisation de un vingtième, qu'il avait avec cet appareil, un temps de classement de 26 minutes 33 secondes.

Avec son second monoplan, la vitesse fut moins bonne; mais l'appareil se classa cependant très bien avec 29 minutes 11 secondes.

Curtiss partit à son tour. N'ayant pas pris son départ les deux premiers jours de l'épreuve, il était pénalisé de deux vingtièmes de son temps et l'on se demandait s'il réussirait quand même à prendre la première place. Il le fit avec facilité. Toujours dans son envolée facile, il gagna l'atmosphère, fit un premier parcours en 24 minutes 15 secondes. Mais cela ne lui donna pas satisfaction. A son second départ, il fit en effet mieux encore et vola les 30 kilomètres en 23 minutes 29 secondes, ce qui représentait un temps pénalisé pour le classement de 25 minutes 49 secondes. Curtiss était premier quand même, devant Latham, deuxième, et Paul Tissandier qui passait au troisième rang.

Mais les aéroplanes sortaient maintenant plus nombreux. Ils étaient simultanément deux, trois, puis cinq, puis six ensemble dans l'atmosphère et les tribunes remplies, des populaires combles, on entendait monter les murmures, les acclamations.

Bunau-Varilla et Rougier, très en progrès tous les deux, sur leurs biplans, tenaient l'atmosphère à vingt mètres d'altitude et même plus. Ces deux jeunes pilotes sont de l'école de Paulhan et de Latham. Ils eurent le succès qu'ils méritaient, car le public, et on ne saurait lui dénier un certain sens d'esthétique, n'admire surtout que les appareils qui volent haut. Il commence (on devient vite difficile) à ne plus apprécier les envolées basses à trois ou quatre mètres de terre et les favoris de la foule sont du reste en réalité ceux qui donnent l'impression de voler, et non pas de glisser à la surface du sol.

Tandis que les concurrents se préparaient à disputer le prix de l'Altitude, Lefebvre, l'habile pilote dont on connaît la maëstria, offrait une place dans son appareil à M. de Polignac. Après avoir pratiqué le sphérique et hier le dirigeable, il manquait à l'actif président du comité d'aviation une sortie en aéroplane pour avoir essayé de tous les modes de locomotion aérienne. Très souple, le biplan Wright s'enleva de son rail pour aller évoluer devant les tribunes et revenir ensuite évoluer au centre du terrain d'aviation pendant une dizaine de minutes environ. L'atterrissage fut parfait.

M. de Polignac, que nous avons vu après cette

première excursion dans un plus lourd que l'air, nous a raconté ses impressions :

M. Lefebvre avait bien voulu m'inviter à faire un vol avec lui, nous dit le président du comité d'aviation de Champagne ; j'ai déjà pratiqué le sphérique si agréable ; une fois, c'est-à-dire hier, le dirigeable dont je ne suis pas enthousiasmé. Il m'intéressait particulièrement de connaître les sensations de l'aéroplane. Je reviens de cette courte expérience absolument enthousiasmé. Avant le départ on a une appréhension toute naturelle. Puis lorsque le biplan, libéré de son attache, glisse sur le rail c'est comme un départ en montagne russe. Alors on gagne l'atmosphère. Mais à aucun moment on ne ressent la sensation brusque à laquelle on s'attendait. Très vite on se sent, surtout avec un pilote comme M. Lefebvre, en sécurité absolue. C'est alors dans les virages et quand l'appareil gauchit en évoluant, la même sensation que lorsque dans un yacht à voile, par une petite brise, la barre et l'écoute à la main, on se sent couché par le vent et que l'on suit les oscillations de l'esquif. Je suis revenu de ce trop court voyage dans l'air absolument ravi.

La fin de la journée arrive. Il est six heures du soir. Les concurrents, et ils ne seront pas nombreux, se préparent pour le prix de l'Altitude.

A la surprise générale, c'est Henry Farman qui sort le premier, et qui évolue dans l'atmosphère, s'élevant progressivement. Celui auquel on a reproché, il y a quarante-huit heures, de voler trop bas, va nous donner le spectacle du premier essai au dessus du ballonnet, qui flotte à cinquante mètres d'altitude.

Henry Farman décrit deux ou trois grands orbes, et diminué par la distance, passe au-dessus de l'endroit fixé pour le contrôle du prix entre les deux poteaux qui servent à faire des visées. Le public acclame, applaudit, les sirènes des autos retentissent, les populaires sont encore plus bruyantes. Mais Farman a passé et doucement redescend pour venir atterrir devant les tribunes, où on lui fait fête. Il s'est ainsi réhabilité aux yeux de beaucoup qui reprochaient autant au pilote qu'à l'appareil de ne pas pouvoir gagner l'atmosphère. Farman vient de faire la démonstration pratique du contraire. Le gagnant du prix de la Champagne s'était élevé à 100 mètres.

Après lui, Rougier, très hardi, quoique pourtant jeune pilote, franchit le ballonnet à son tour. Les visées enregistrent 55 mètres. C'était déjà très honorable.

Paulhan, dans la nuit qui venait, tenta à son tour l'épreuve. Après avoir franchi deux pylônes, il décrivit deux grands cercles, et majestueux, sûr de lui, traversa la ligne, tandis que l'on entendait à peine le bruit de son moteur, 90 mètres étaient franchis. Farman était toujours en tête.

Mais Latham devait venir ; et la foule, dont il est l'idole et le favori, applaudissait déjà, alors que seulement à la hauteur des pylônes il venait de prendre son départ. Et ce fut alors très émotionnant, très admirable. Dans l'atmosphère pure, le grand monoplan, celui-là le véritable oiseau par son esthétique, montait ; il décrivait des orbes et encore des orbes ; il diminuait à nos yeux, s'éloignant pour s'élever encore. Puis on le vit décrire son dernier demi-cercle, et en ligne droite se diriger parallèlement aux tribunes au-dessus du ballonnet qui devait lui sembler bien petit. Hubert Latham, recordman du monde, venait de franchir 155 mètres.

Lorsque le résultat fut connu, la nouvelle, donnée de la tribune de la presse, se répandit de bouche en bouche. Déjà l'on acclamait, parce que le mât des signaux annonçait que le record était battu. Mais le chiffre clamé à haute voix déchaîna encore les enthousiasmes et les joies.

C'était la fin. L'heure inéluctable sonnait, et aux mâts des signaux apparaissaient pour la huitième et dernière fois, les boules multicolores qui annonçaient que les épreuves étaient terminées.

Alors ce fut la ruée vers les trains pris d'assaut à la gare de Fresnoy-Aviation. Des trains se succédèrent, emportant de cinq en cinq minutes des milliers de voyageurs vers Reims. Mais la plupart préféraient rentrer à pied ; les cinq kilomètres à faire les effrayaient moins qu'une longue attente à la gare.

Sur le champ d'aviation, au buffet des tribunes, qui lui aussi regorgeait de dîneurs, cette dernière soirée fut la plus joyeuse, la plus enthousiaste. Lorsque M. de Polignac y arriva, toute la foule se leva pour l'acclamer, tandis que les tziganes jouaient la *Marseillaise*. De nouveaux vivats accueillirent aussi Latham, Farman, Paulhan, ainsi que Blériot, qui un bras en écharpe, avait assisté à cette dernière journée en spectateur. Le héros de la traversée de la Manche, ainsi que nous l'avons dit, n'est pas sérieuseusement atteint; il a seulement une légère contusion à l'épaule et des brûlures du premier degré à la main ; dans quelques jours il n'y paraîtra plus. Détail amusant : le buffet a servi aujourd'hui près de deux mille déjeuners et de mille dîners. A onze heures du soir, on festoyait encore, tandis qu'au fond de la plaine apparaissaient pour la dernière fois les illuminations des usines d'automobiles S. C. A. R. de Witry-lez-Reims, sur les terrasses desquelles étaient installées des tribunes, où les spectateurs trouvèrent aujourd'hui difficilement de la place.

Dans la soirée, les commissaires sportifs ont communiqué les résultats définitifs des épreuves de la semaine. Les voici résumés :

Grand-Prix de Champagne (distance) :

1er prix (50.000 francs), Farman, 180 kilomètres.
2e prix (25.000 francs), Latham, 154 kilom. 500.
3e prix (10.000 francs), Paulhan, 131 kilomètres.
4e prix (5.000 francs), de Lambert, 116 kilomètres.
5e prix (5.000 francs), Latham, 111 kilomètres.
6e prix (5.000 francs), Tissandier, 111 kilomètres.

Ont accompli ensuite : Sommer, 60 kilomètres ; Delagrange, 50 kilomètres ; Blériot, 40 kilomètres ; Curtiss, 30 kilomètres ; Lefebvre, 21 kilomètres.

Prix de la Vitesse (30 kilomètres) :

1er prix (10.000 francs), Curtiss, avec 2/20e de pénalisation, 25 minutes 49 secondes 1/5 (temps réel 23 minutes 29 secondes 1/5).

2e prix (5.000 francs), N° 29, Latham, avec 1/20e de pénalisation, 26 minutes 33 secondes 1/5 (temps réel 25 minutes 18 secondes et demie).

3e prix (3.000 francs), N° 4, Tissandier, sans pénalisation, 28 minutes 5 secondes 1/5.

4e prix (2.000 francs), N° 25, Lefebvre, sans pénalisation, 29 minutes.

Ont été également contrôlés : N° 7, de Lambert, sans pénalisation, 29 minutes 2 secondes ; Latham, 2/20e de pénalisation, 29 minutes 11 secondes 2/5 (temps réel 26 minutes 32 secondes 2/5) ; N° 20, Paulhan, sans pénalisation, 32 minutes 49 secondes 4/5 ; N° 27, Bunau-Varilla, 2/20e de pénalisation, 42 minutes 25 secondes 4/5 (temps réel, 38 minutes 30 secondes 4/5 ; N° 6, Sommer, sans pénalisation, 1 heure 18 minutes 33 secondes 1/5.

Prix du Tour de Piste (10 kilomètres) :

1er prix, 7.000 fr., Blériot, 7 m. 47 s. 4/5.
2e prix, 3.000 fr., Curtiss, 7 m. 49 s. 2/5.

Prix des Passagers (10 kilomètres) ;

1er prix, 10.000 fr., Farman avec deux passagers, en 10 minutes 39 secondes.

Ont été également contrôlés avec un passager : N° 30, Farman en 9 minutes 52 secondes 4/5 ; N° 25, Lefebvre en 11 minutes 20 secondes 4/5.

Prix de l'Altitude :

1er prix, 10.000 fr., N° 29, Hubert Latham, 155 mètres. Après lui, ont accompli : N° 30, Farman, 110 mètres ; N° 20, Paulhan, 90 mètres ; N° 28, Rougier, 55 mètres.

Prix des Mécaniciens :

1er prix, 2.000 fr., à M. Bunau-Varilla, 100 kilomètres ; 2e prix, 1.000 fr., à M. Rougier, 90 kilomètres.

Prix des Aéronats (50 kilomètres) :

1er prix, 10.000 fr., *Colonel-Renard*, en 1 heure 19 minutes 49 secondes 1/5.

Le *Zodiac* a fait le parcours en 1 heure 25 minutes 1 seconde.

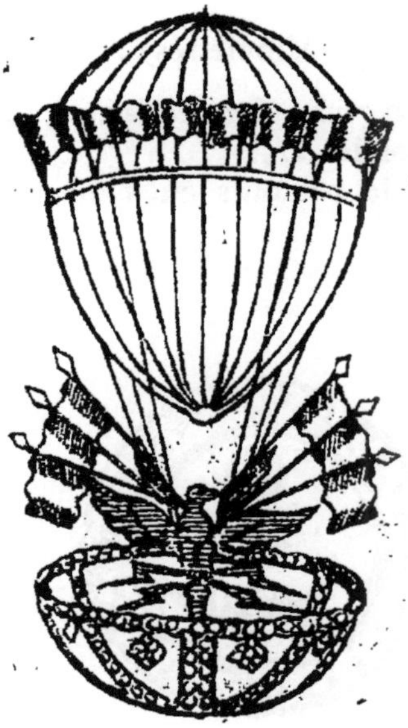

Impressions du lendemain

❖ ❖ ❖

Reims, 30 août.

Aujourd'hui à midi, le comité d'aviation de la Champagne a offert un déjeuner aux aviateurs et à la presse. M. de Polignac, président du comité, présidait, ayant à sa droite M. Lenglet, maire de Reims, M. Wallace, président de l'Aéro-Club de Grande-Bretagne, et M. de La Vaulx, vice-président de l'Aéro-Club de France; à sa gauche, M. Loreau, président de la Commission aérienne mixte, M. Cortland Bishop, président de l'Aéro-Club des Etats-Unis, et le général Joffre.

On remarquait la plupart des aviateurs qui ont triomphé au cours de la semaine de Champagne : Hubert Latham, Blériot, Curtiss, Lefebvre, Paulhan, Paul Tissandier, Guffroy, etc. Henry Farman s'était fait excuser.

Cent cinquante convives assistaient à ce

banquet. Au champagne, des discours ont été prononcés par MM. de Polignac, Lengel, Loreau, Roger Wallace, par M. Frantz Reichel, au nom de la presse.

Après avoir donné lecture du palmarès, M. de Polignac, aux applaudissements de l'assistance, a annoncé que, l'année prochaine, une manifestation semblable serait organisée et que la date en est d'ores et déjà fixée du 21 au 28 août.

Reims, 30 août.

Les commissaires sportifs ont fait connaître ce matin le résultat du prix des Mécaniciens, disputé hier, et qui s'établit ainsi : 1er prix (2,000 francs), Etienne Bunau-Varilla (70 kilomètres); 2e prix (1,000 francs), Rougier (60 kilomètres); 3e prix (500 francs), Sommer (40 kilomètres). Leurs équipes de mécaniciens touchent respectivement des primes correspondant au nombre de kilomètres parcourus, à raison de 5 francs le kilomètre.

Reims, 31 août.

Une dernière fois, comme en un pèlerinage, nous avons voulu revoir, au lendemain de l'ultime journée, le champ célèbre au-dessus duquel, il y a vingt-quatre heures encore, évoluaient les dirigeables et les aéroplanes.

Aucun bruit de moteur ne trouble plus le grand silence de la plaine; seul, le heurt du marteau des démolisseurs retentit dans les enceintes réservées au public et dans l'agglomération des hangars, où une activité fébrile règne.

Dejà aucun drapeau ne flotte plus au-dessus des tribunes, les oriflammes ne claquent plus au vent, et on demeure tout étonné de ne pas apercevoir encore au haut du mât des signaux le pavillon blanc ou l'étamine rouge annonçant ou attestant les vols des hommes-oiseaux.

La cité construite en six mois aura disparu dans six jours. Déjà partout les tentures sont enlevées, le buffetier est reparti vers Paris avec son matériel entassé dans des camions automobiles, le bureau des postes et des télégraphes enlève son installation, les lignes télégraphiques et téléphoniques viennent d'être coupées. Bétheny-Aviation n'est plus le centre de ce réseau de fils multiples, qui par le monde allaient porter dans les capitales les prouesses des aviateurs.

Les ambulances des Dames de la Croix-Rouge et des Femmes de France viennent d'être démontées; elles ne furent heureusement pas utilisées, et le docteur Roussel, qui dirigeait le service médical, n'eut pas, lui non plus, à intervenir.

Eux aussi, les hommes volants s'en vont comme des oiseaux migrateurs. Pas un parmi tous, ce matin, n'a eu la velléité de voler une fois encore au-dessus de ces champs où furent consacrées leurs randonnées aériennes. Il est vrai que les tribunes sont vides et lamentables maintenant, que les « populaires » sont désertes, qu'il n'y a plus un bravo, un vivat à recueillir.

Sur le sol des hangars, biplans et monoplans gisent à terre en morceaux, en attendant que dans des emballages géants les oiseaux mécaniques partent ailleurs ressouder leurs membres, pour s'élever à nouveau dans la nue.

Sur les routes ou dans les trains, ils vont en effet s'en aller vers d'autres contrées; certains sont déjà partis.

Henry Farman et Roger Sommer sont revenus au camp de Châlons; Lefebvre fait expédier son biplan Wright de la société l'Ariel en Russie; Curtiss a fait place nette dans son hangar. Soigneusement emballées, toutes les pièces de son rapide volateur sont déjà abritées dans un garde-meuble public de Reims, en attendant que le biplan soit expédié à Brescia ou... en Amérique. Blériot fait ses préparatifs pour aller en Italie, à Brescia, et un train spécial se prépare, qui emportera, avec ses monoplans, quelques autres aéroplanes, notamment celui de Rougier.

Alfred Leblanc, qui hier matin, à quatre heures et demie, a fait sous les yeux de Blériot ravi quatre tours de piste, soit quarante kilomètres, se dispose aussi à aller évoluer au-dessus des plaines de Lombardie.

Les grands monoplans de Latham émigrent peut-être à Brescia, peut-être à Berlin, où s'organisent, paraît-il, une exhibition monstre d'aviateurs.

Quant à Delagrange, qui a fait ces jours derniers de rapides progrès en monoplan, il est désolé. Son appareil vient d'être brisé en partie en le remorquant, et il faudra quelques journées de travail pour le remettre en état de voler. C'est d'autant plus regrettable pour cet aviateur qu'il avait promis à la municipalité de Sermaize, un village des environs, d'effectuer aujourd'hui et demain quelques vols. Le pays était en fête, et la déception a été grande lorsqu'il a fallu contremander ces réjouissances.

La gare provisoire, qui avait été édifiée au Fresnoy-Aviation, a fonctionné encore aujourd'hui, mais demain ou après-demain, elle aussi va disparaître.

Vers Reims, de longues files de voitures reviennent chargées de chaises, de meubles, d'ustensiles de toutes sortes, tandis que d'immenses camions portent les encombrantes et volumineuses caisses qui renferment les ailes ou les cellules des plus lourds que l'air.

C'est bien la fin. Les dernières activités se manifestent, mais d'ici à quelques jours la plaine de Bétheny aura repris son calme et sa tranquillité ordinaires.

Ce sera le repos jusqu'à l'année prochaine, jusqu'au printemps, jusqu'au renouveau.

Alors de nouveaux travailleurs se mettront à l'œuvre, des énergies nouvelles réédifieront une autre prestigieuse cité de l'aviation, celle où nous nous retrouverons dans une année.

Le Banquet

Le comité d'organisation de la semaine de Champagne avait réuni hier en un déjeuner, ainsi que nous l'avons dit, les aviateurs et la presse.

M. de Polignac, qui présidait, a prononcé au cours de cette réunion et au nom du comité d'organisation, un long discours pour remercier tous ceux, a-t-il dit, auquel nous devons son succès : d'abord les aviateurs et les constructeurs de génie auxquels sont dus les engins qui ont évolué sur les plaines de Champagne, puis les pouvoirs publics et la municipalité, enfin les autorités militaires et toutes les administrations qui ont facilité la tâche du comité d'organisation.

En terminant, a dit M. de Polignac, je veux répondre à une question qui nous est posée depuis quelques jours : Que ferons-nous l'an prochain?

Eh bien, nous recommencerons. Qu'on se le dise. Les fêtes auxquelles nous venons d'assister furent trop belles pour ne pas les renouveler.

Après lui M. Lenglet, maire de Reims, a dit au nom de la ville de Reims toute la gratitude de ses habitants pour les aviateurs.

Nous n'oublierons pas, dit-il, qu'à peine l'orage s'était-il abattu sur les chemins qu'un rayon de soleil apparut et que le calme se fit dans l'atmosphère où s'élevèrent comme échappés d'une volière géante tous les oiseaux qui pendant huit jours allaient nous émerveiller de leur audace.

Au nom de la Commission aérienne mixte, M. Loreau, son président, a très heureusement retracé l'œuvre accomplie dans une improvisation particulièrement applaudie. En même temps qu'il rendit hommage aux aviateurs, M. Loreau félicita tout particulièrement le comité d'organisation qui avait présidé à cette inoubliable semaine.

M. Wallace, président de l'Aéro-Club de Grande-Bretagne, et M. Cortland Bishop prirent ensuite la parole au nom des clubs étrangers représentés ; après eux, M. Chappe, adjoint au maire de la ville de Reims, porta la santé des trois personnes à l'initiative desquelles était due la grande semaine, MM. de Polignac, de La Vaulx, vice-président de l'Aéro-Club de France, et Boizel, membre du comité d'organisation.

Enfin, au nom de la presse, notre confrère Frantz Reichel, du *Figaro,* remercia le comité d'organisation qui avait facilité à tous les informateurs leur tâche professionnelle. Il déclara au nom de ses confrères français et étrangers que tous avaient été heureux de s'associer au succès d'une entreprise aussi noble et aussi élevée.

M. de Polignac donna alors lecture du palmarès tandis que les aviateurs les plus souvent cités : Farman, Latham, Blériot, Curtiss, vainqueur de la Coupe Gordon-Bennett, Paulhan, Lefebvre, Tissandier, étaient acclamés par l'assistance.

La réunion se termina assez tard dans l'après-midi après que notre confrère M. Paul Manoury eut annoncé au nom du *Petit Journal* que celui-ci offrait un prix de 10,000 francs à Hubert Latham pour son style, sa tenue et son esthétique.

Maintenant que la grande manifestation est terminée, il est permis de juger de son organisation, et il serait injuste de ne pas dire quelle méthode remarquable y présida. Le comité d'organisation, où tant se dévouèrent, peut être fier de l'œuvre qu'il a accomplie. Malgré un cyclone, malgré le mauvais temps persistant la veille de l'ouverture, tous les services furent assurés. Le public eut toutes les satisfactions, toutes les commodités ; rien ne lui manqua, rien pour lui ne fut oublié. Certes, l'effort fut considérable et la somme d'énergie dépensée énorme ; mais le résultat acquis, le triomphe obtenu sont la juste récompense de tous ceux qui n'ont ménagé ni leur activité, ni leur temps, ni leur argent. L'entreprise se soldera du reste, probablement, par un déficit assez considérable. Mais on s'y attendait, et les membres du comité qui avaient constitué le syndicat financier de garantie avaient d'avance fait un sacrifice. Il faut leur en savoir gré pour beaucoup de raisons, mais surtout parce que cette vaste entreprise n'eut aucun caractère commercial : elle resta sportive essentiellement. Nous n'avons pas connu les hangars ou les tribunes bariolés de publicité. On a édité pour le public un programme artistique d'où la réclame a été également bannie.

Nous tenons à répéter, et il faut le dire très haut, que ce fut une œuvre unique, accomplie par des gens désintéressés. C'est le pays qui en a profité, c'est la ville de Reims, c'est la Champagne. Mais tout cela est normal et naturel. Nous ne devons pas oublier aussi la parfaite organisation des postes et télégraphes, qui a fonctionné à Bétheny-aviation pendant une semaine sous le contrôle de M. Husson, directeur départemental, de MM. Lesaffre et Launay, inspecteurs des services télégraphiques, et de M. Rouhan, commis principal.

Quelles sont maintenant, dans leurs grandes lignes, les indications de ce meeting ?

Il nous a été prouvé d'abord que l'aviation n'est pas un sport dangereux. Pendant huit jours, on a volé et pas un accident sérieux n'a été enregistré.

Quant aux techniciens de l'aéroplane, certes, ils devront retenir beaucoup de ce qu'ils ont vu. Ils ont appris ce qu'ils ignoraient. L'expérience, notre maîtresse à tous, a montré que toutes les théories ne résistent pas devant la pratique. Nous avons vu des biplans cellulaires tenir le vent avec Paulhan, tandis que personne autre ne sortait. Nous avons vu, calme et sans fatigue, Latham faire 154 kilomètres 500 dans une atmosphère troublée, dans un orage qui ne l'a pas abattu. Il nous a été révélé la grâce complète et l'esthétique admirable du monoplan, qui, avec ce même Latham, nous a donné des impressions inoubliables. Et le moteur rotatif s'est aussi révélé à nous ; il était nié par les plus compétents ; il a été le triomphateur avec Farman, avec Paulhan, sur la distance, sur l'altitude.

De tels enseignements sont précieux, et il aura été appris dans une semaine pour l'aviation ce que l'on aurait mis une année à connaître sans une pareille manifestation.

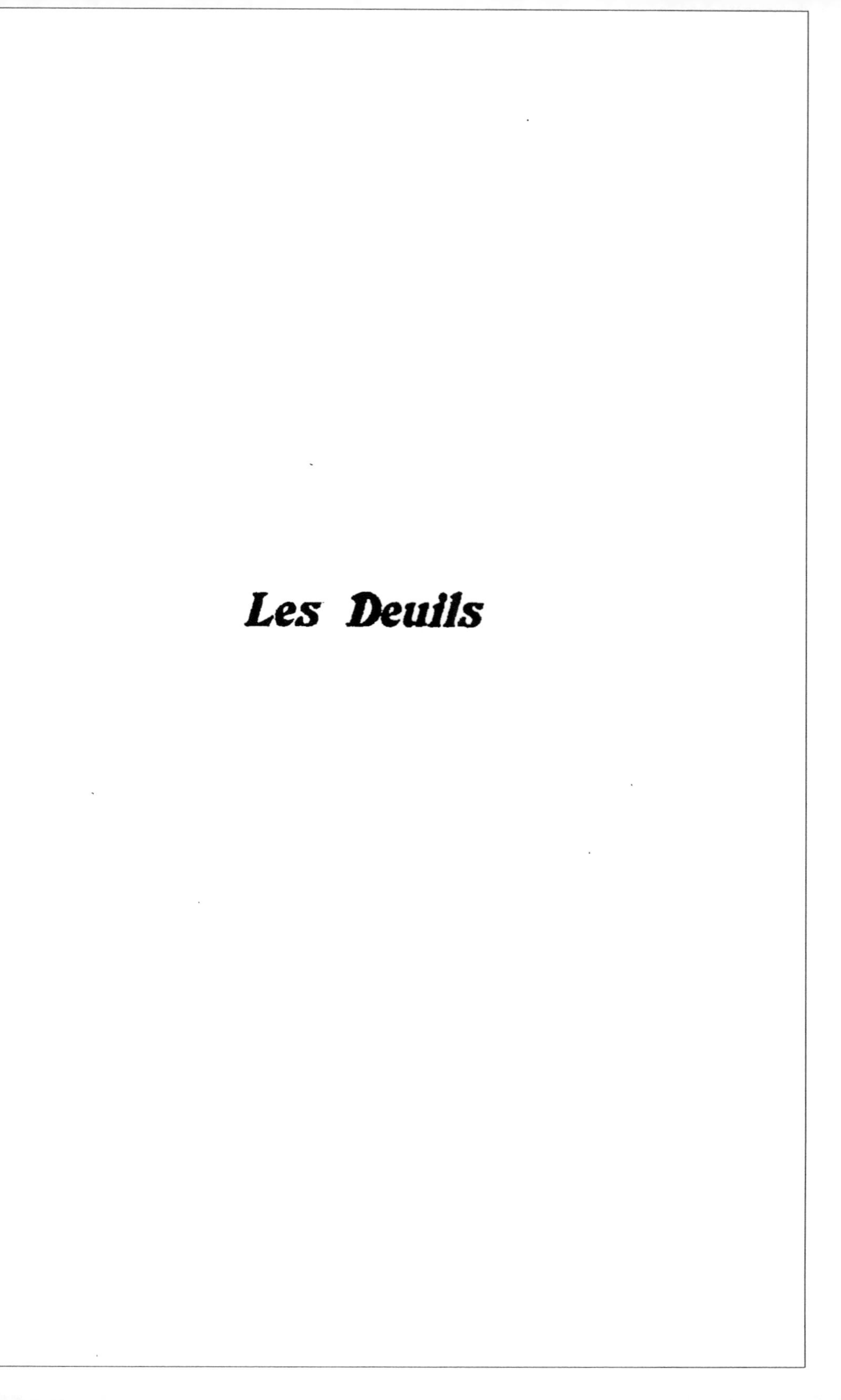

Les Deuils

Le « République » aux grandes manœuvres du Bourbonnais (Septembre 1909).

Le Capitaine Marchal

commandant le « République », mort avec tout l'équipage du dirigeable, le 25 Septembre 1909.

La Rançon

Une Lettre du Capitaine Ferber

La France a payé le prix de ses conquêtes aériennes. Dans le seul mois de Septembre la liste de nos victimes est douloureusement éloquente :

Lefebvre, tué au champ d'aviation de Juvisy ; le Capitaine Ferber à Boulogne ; tout l'équipage du *République* anéanti près de Moulins.

Nous n'ajouterons rien à ce que nous avons dit plus haut de ces victimes, ou plutôt de ces héros, si ce n'est que nous associons à leur souvenir celui de Lilienthal, mort, lui aussi au champ d'honneur, et qui fut le maître de Ferber, de Lambert et de beaucoup d'autres.

Avant sa mort, le Capitaine Ferber, que nous sommes fiers aujourd'hui d'avoir soutenu de toutes nos forces dans ses dures épreuves, nous écrivait la lettre qui suit au sujet des mesures prises par le Gouvernement Français en vue d'arrêter les ballons étrangers à leur atterrissage en France, mesures puériles, inefficaces. La crainte de nuire au Capitaine Ferber nous avait empêchés de communiquer plus tôt sa lettre au Ministre ; il en a été tenu, depuis lors, le plus grand compte.

A M. le Président du Groupe de l'Aviation au Sénat.

18 Juin 1909.

Monsieur le Sénateur,

Je me permets de vous envoyer en communication ce journal allemand pour vous prier de lire le récit de l'atterrissage d'un ballon Allemand dans le Jura.

Vous vous rendrez compte du dommage moral inouï qu'une mesure de gouvernement hâtive cause à la France. Je sais bien que cette mesure a été prise à cause de l'irréflexion dont ont fait preuve les correspondants provinciaux des journaux, tout heureux de signaler des atterrissages qui leur paraissaient sensationnels et passionnants pour leurs lecteurs. Devant cet afflux de dépêches on a pu croire au danger d'une invasion préméditée.

Or, vous le savez, c'est notre initiative française de l'Aéro Club qui a créé à notre suite dans le monde entier ce mouvement aéronautique étonnant et dont nous sommes fiers, parce que notre influence se faisait sentir dans le sens historique de l'expansion française toujours grande et généreuse par l'idée. Notre but et notre idée étant l'atmosphère libre et pénétrable. Et voilà que tout est arrêté par une mesure fiscale grossière !

On n'a pas cherché à fermer la route de l'air, parce que heureusement cela a paru ridicule ; mais on a cherché à la fermer par un détour peu noble, par l'imposition d'un droit de douane qui atteint le 1/4 et le 1/6e de la valeur ! En même temps c'est *un vol* parce qu'on sait bien que le matériel rentre immédiatement dans le pays étranger.

Il m'a semblé que la situation que vous avez

prise dans le parlement au point de vue international vous permettrait d'intervenir plus favorablement et je veux vous fournir un document. (*)

Capitaine FERBER.

(*) NOTE. — (8 Décembre 1909). — Cette lettre posthume n'aura pas été inutile; les mesures en question ont été rapportées ou très atténuées. On a reconnu qu'elles étaient dérisoires. En effet, à supposer des espions allemands en ballon, c'est de Paris qu'ils partiraient en louant un sphérique comme tant d'autres et en se laissant pousser par vent d'Ouest pour aller atterrir chez eux et non chez nous, après être passés au-dessus non seulement de la frontière mais de tout l'Est de la France; ou encore ils se feraient débarquer à leur convenance en cours de route par leurs pilotes, leurs notes et leurs photographies une fois prises.

E. C.

Un Monument National

aux Victimes de la Locomotion Aérienne

* * *

Le Conseil Général de la Sarthe dans sa séance du 21 Septembre dernier, a adopté à l'unanimité, sur la proposition de M. d'Estournelles de Constant, le vœu suivant :

Messieurs,

Le département de la Sarthe aura été le premier des départements français qui ait encouragé l'aviation.

Depuis l'an dernier, les expériences du Camp d'Auvours ont été suivies des triomphantes manifestations de Pau, de Douai, de Reims, etc. Depuis lors aussi, ces premiers triomphes ont été payés par des catastrophes. Hier encore, le capitaine Ferber à Boulogne, Lefebvre à Juvisy, sont morts victimes de leur héroïque témérité.

Notre Assemblée ne peut être indifférente à ces

douloureuses nouvelles et je suis sûr qu'elle voudra rester fidèle à elle-même, en adoptant par acclamation le vœu suivant :

« Le Conseil général de la Sarthe, fidèle aux profondes sympathies qu'il a témoignées, l'an dernier, aux premières expériences d'aviation, aujourd'hui triomphantes, exprime son admiration et sa gratitude pour les héroïques victimes de ces expériences ; il émet le vœu qu'un monument soit élevé par souscription nationale à leur mémoire. »

Envoi du texte de ce vœu sera fait spécialement par les soins de M. le Préfet aux familles de MM. Lefebvre et Ferber.

Le lendemain survenait la catastrophe du *République*. Hélas le monument devra s'élargir ; aux victimes de l'aviation ce n'est pas assez dire, c'est aux victimes de l'air qu'il doit être consacré.

La première Exposition industrielle d'Aéronautique à Paris (Septembre-Octobre 1909).

Les tribunes à Juvisy

Nouveaux triomphes

*

Vues d'avenir

La première Exposition Internationale de Locomotion aérienne à Paris

(Septembre-Octobre 1909)

Au mois de février dernier, le jeune et vaillant aviateur, Robert Esnault-Pelterie, insistait auprès du Président du Groupe Sénatorial de l'Aviation pour que, d'accord avec ses Collègues du Parlement, il obtînt du Gouvernement l'autorisation d'ouvrir à Paris, avant la fin de l'année, une exposition internationale de la Locomotion aérienne. — On ne résiste pas à la jeunesse laborieuse et entreprenante ; les pouvoirs publics, la presse, le public, tout favorisa l'innovation l'Exposition s'est ouverte au Grand Palais, au jour fixé. Elle fut triomphale. Après que tout Paris y fut accouru pour admirer, — déjà connaisseur, — les divers modèles d'aéroplanes et de moteurs, on put constater ce fait incroyable : en un an, la locomotion aérienne est passée du rêve à la réalité ; elle entre aujourd'hui dans la période industrielle.

Voici la préface écrite par M. d'Estournelles de Constant pour le volume qui contiendra le compte rendu officiel des résultats de l'Exposition :

Quand M. R. Esnault-Pelterie vint, un jour du printemps dernier, me prier de m'intéresser à son projet d'organiser à Paris la première Exposition internationale de la Locomotion Aérienne, je l'écoutai avec une sympathie mêlée de commisération. Il me parut terriblement jeune. Je ne lui cachai pas mes impressions. Où trouverez-vous l'argent ? lui demandai-je ; comment déciderez-vous le Gouvernement à vous accorder le Grand Palais ? Aurez-vous de quoi le remplir ? Pourquoi ne pas rester modestement une annexe de l'Exposition d'Automobile ? etc., etc. Il me répondit : je trouverai, je réussirai.

La confiance est contagieuse et puis, pour tout dire, assez de gens raisonnables découragent la jeunesse et brisent ses élans ; il en faut d'autres qui fassent contrepoids. J'eus scrupule d'éteindre cette flamme et je me trouvai ainsi, un peu malgré moi, président d'Honneur d'une Exposition peut-être irréalisable, en 1909 !

Six mois se passèrent pendant lesquels, voyageant ou souvent absent, à l'étranger, je n'entendis parler de rien. Je n'appris pas sans inquiétude, à mon retour, que, malgré la saison peu favorable, à la fin du mois de

Septembre à Paris, dans la Grande Ville presque déserte, notre Exposition allait s'ouvrir. Premier succès qui ne m'eût rassuré qu'à moitié s'il ne s'était transformé tout de suite en apothéose.

Heureux de faire l'aveu de ma faiblesse, je consens à l'expier en écrivant cette préface, acte de contrition répondant à un acte de foi, — acte de sympathie plutôt, car, si j'ai douté, c'était dans la crainte qu'une initiative prématurée ne fût nuisible à l'aviation; que celui qui n'a jamais douté que par excès de sollicitude me jette la première pierre !

Avec joie, avec fierté, je mesure aujourd'hui la profondeur de mon erreur. Esnault-Pelterie, pensais-je, ne devait pas trouver de capitaux ? Une élite d'industriels lui en a fourni plus qu'il n'en fallait, non pas parmi des philanthropes mais parmi des industriels; il a pu grouper les intéressés ! Et ces avances, loin d'être perdues ou aventurées, ont été couvertes et au-delà par les recettes de l'Exposition.

Il faut rendre aussi au Gouvernement cette justice qu'il n'a pas refusé le Grand Palais. L'hésitation pourtant était permise. A supposer une pénurie d'exposants, une insuffisance d'appareils prêts, la vaste nef à moitié vide, on aurait déploré sa complaisance, et mis sur son compte le fiasco. Le Gouvernement a eu du courage, de la clairvoyance; il faut l'en louer. Le Président de la République lui-même a consenti à donner son haut patronage à l'Exposition; il est venu la visiter, et de même tous les Ministres, sans excepter ceux de la Guerre, de la Marine, des Affaires Etrangères, à commencer par celui des Travaux Publics. Heureux symptômes ! En interpellant le Gouvernement en 1908, je ne savais trop à qui m'adresser; finalement j'avais choisi M. Barthou, je le confesse, moins parce qu'il était Ministre des Travaux publics que parce qu'il s'intéressait personnellement et de longue date à l'Aviation; pour justifier mon choix, je lui écrivais : « vous êtes le Ministre des communications aériennes » ; le titre lui est resté, et son successeur, l'honorable M. Millerand, rivalisant avec lui de zèle et de sympathie, s'est multiplié pour nous aider ; l'Aviation aura bientôt, comme le Touring Club de notre incomparable ami M. Ballif, sa Direction au Département des Travaux Publics ; sa situation officielle est faite ; elle est placée.

Même chaleureux accueil du Conseil Municipal de Paris et du Conseil Général de la Seine. M. Hector Depasse, président du Groupe de la Locomotion Aérienne à la Chambre des Députés ; MM. Jules Siegfried, Georges Berry, René Grosdidier députés, le Président de la Chambre de Commerce de Paris, M. Edmond Perrier, directeur du Muséum ; M. Deslandres, directeur de l'Observatoire ; M. Cailletet, président de l'Aéro-Club ; M. Henry Deutsch de la Meurthe, industriel, mécène et précurseur, telle fut la phalange de hauts patrons et de Présidents d'Honneur que la nouvelle exposition sut grouper pour se présenter au public.

Ce que fut le succès, on le verra dans le détail en feuilletant ce beau volume dont je ne suis que le parrain ; le public se rendit compte, sans un instant d'hésitation, qu'il trouverait là l'initiation qu'il appelait de tous ses vœux. Tous les Parisiens n'avaient pu assister aux expériences du camp d'Auvours et de Reims. Je ne sais ce qu'il faut le plus admirer de l'ardeur passionnée avec laquelle ce public accourut en foule à l'Exposition ou de la rapidité presque immédiate de son éducation.

Il y a un an, c'est tout juste si, dans la conversation, on distinguait l'aéroplane du dirigeable et le biplan du monoplan. Aujourd'hui j'écoutais les visiteurs faire leurs réflexions en se promenant. Les femmes, les enfants, tous comprenaient, étaient au courant ; chacun faisait la part des différents appareils et même des différents modèles d'appareils du même auteur. On ne confondait pas un Blériot nº XII avec un Blériot antérieur, encore moins la Demoiselle de Santos-Dumont avec le Monoplan de Latham; les Wright, les Voisin, les Farman n'avaient plus de secrets pour personne; et, quant aux moteurs, chacun en parlait exactement comme on parle aux courses des chances du favori et de ses rivaux.

Etonnant spectacle vraiment! Public instantanément dressé! Il y a vingt ans c'était à qui se garait des accidents terribles du vélocipède baptisé ensuite du nom populaire de bicyclette; aujourd'hui les enfants pédalent en naissant; puis vint l'invasion, la charge à la mort de l'automobile; c'est déjà de l'histoire ancienne; le public qui consentait à faire queue pendant des heures en plein air pour attendre des omnibus toujours complets, saute au vol dans les autobus, entre en un clin d'œil dans le Métro et redescend, comme par enchantement; c'est un va et vient continuel à toute vitesse; la lenteur des communications est devenue inconcevable.

A la faveur d'un tel entraînement du public, l'Aviation arriva à son heure; on l'attendait; à l'Exposition de l'Aéronautique l'impression des visiteurs en 1909 est exactement celle que nous éprouvâmes il y a dix ans au premier salon de l'Automobile; un mélange de surprise et de fierté où domine la confiance, la certitude du lendemain. On sent que dans un an le Grand Palais sera petit pour contenir tous les types d'appareils qui surgissent et vont surgir, et tous les produits aussi des industries annexes de l'Aéronautique; car ce fut là encore un des grands intérêts de cette Exposition! Qu'elle ait compté quatre cents exposants, trente aéroplanes différents et des dirigeables, et des moteurs et des hélices sans nombre, cela déjà semble naturel, mais on ne songe pas à tous les progrès accessoires qui se groupent autour du progrès principal, et au nombre très grand d'inventions d'ordre secondaire qui naissent de l'idée première.

Il a fallu diviser l'Exposition en dix Groupes, celui des Aérostats comprenant les Ballons libres, les Dirigeables, l'Aérostation Militaire, les nacelles, les bordages, le matériel; les tissus en soie, en coton, en caoutchouc; les vernis pour tissus; la préparation et la conservation des gaz employés en aérostation. Le groupe des « plus lourds que l'Air » comprend tous les appareils d'aviation, les parachutes et les cerfs-volants. Le groupe des moteurs et des propulseurs abonde en moteurs de tous les âges et de tous les systèmes, en propulseurs, en organes mécaniques et en pièces détachées destinés aux dirigeables et aux aéroplanes. Le groupe IV très important et très soigné était consacré aux *Sciences*. M. Périer avait organisé une section d'un grand intérêt, « le vol des oiseaux planeurs »; M. Deslandres la section de la météorologie, non moins importante; sans compter une section de physiologie et les sections réservées aux instruments de précision, à la photographie, à la cinématographie, aux projecteurs, à l'éclairage des ballons, aux signaux, à la télégraphie et à la téléphonie par ballons, aux inventions, aux plans et modèles réduits.

La part avait été faite aux Arts, bien entendu, aux objets d'art, peintures, sculptures, gravures sa rattachant à l'Aéronautique. Une section rétrospective, grâce au goût et au dévouement de M. Tissandier, fut l'un des attraits, le clou de cette exposition de l'avenir.

Les matières premières, les machines outils, les métaux, les bois, notamment, qu'il est essentiel de soumettre au choix le plus éclairé, le plus méticuleux forment le groupe VI. Les transports et abris comprennent, dans le groupe VII, tout ce qui concerne le matériel spécial pour transport et emballage, les tentes, les hangars pour ballons et aéroplanes.

On n'avait pas oublié la cartographie que l'aéronautique est appelée à renouveler ni la bibliographie; les livres, les publications, les journaux qui se comptent aujourd'hui par milliers, dans tous les pays.

Enfin le commerce de l'Aviation est né, bien né, bien vivant déjà; le rêve d'hier est la réalité d'aujourd'hui, la fortune de demain. Le groupe IX est réservé à la vente, aux locations, et ce n'est pas un mot, puisque nous connaissons tous un jeune homme, — pourquoi ne pas le nommer? — le jeune Bunau-Varilla à qui son père a fait cadeau d'un aéroplane pour le récompenser d'avoir passé son baccalauréat. Que sera-ce pour le jour de l'an?

On n'a pas oublié le chapitre des vêtements spéciaux, de l'alimentation, des conserves, et celui des jouets! Quel est l'enfant qui n'a pas son aéroplane? Et les oriflammes, les pavillons, les drapeaux, la gaieté de l'air, et tous les appareils de signaux pour sémaphores, et les articles de voyages, les canots automobiles; sans parler des Sociétés d'encouragement, Aéro-Club, Ligue Aérienne, que sais-je encore? J'en ai trop dit et pas assez; mon amende honorable est complète, je succombe sous le succès dont j'avais douté, mais je m'en réjouis et j'en félicite cordialement tous ceux qui en sont responsables pour une part plus ou moins grande, à commencer par les aviateurs et les aéronautes, si longtemps raillés, malheureux, aujourd'hui enfin triomphants, pour le plus grand bien de notre pays, pour sa gloire, et pour le profit de l'humanité.

E. C.

L'aérodrome de Juvisy

Le Comte de LAMBERT à Paris

*

La grande quinzaine de Paris, moins intéressante que celle de Reims, le champ d'aviation étant beaucoup plus limité, n'en a pas moins permis à des centaines de milliers de spectateurs de faire l'éducation de leurs yeux en suivant de près les exploits de Paulhan, de Latham, de Gobron, etc. Elle s'est terminée par un coup de théâtre, une surprise qui a stupéfié et ravi de joie la population parisienne. Le lundi 18 Octobre, à quatre heures et demie du soir, le comte de Lambert, s'élevant du champ d'aviation, prit la direction de Paris, doubla la Tour Eiffel, à 400 mètres d'altitude et, cela fait, s'élevant jusqu'à 600 mètres, revint atterrir devant le public anxieux. Tout Paris s'était arrêté comme à l'apparition d'une comète pour contempler le hardi biplan dans son vol léger et rapide. Ce fut pour la population un instant d'émotion profonde. Il n'est pas un passant qui n'ait plus ou moins confusément senti toute la portée de cette apparition.

Décidément nous avons bien fait d'appeler à notre aide l'aviation inespérée. La voici. Elle nous annonce, elle prépare les temps nouveaux : saluons la messagère de la bonne nouvelle ; l'heure des grandes revanches approche, l'heure des vraies revanches, celles de l'intelligence et de la raison.

Voici les impressions données par M. de Lambert, le soir même de cette première promenade à Paris, et au banquet de l'Exposition et au journal *Le Matin* :

Le voyage du Comte de LAMBERT à Paris raconté par lui même

J'avoue être un peu étonné, quoique très touché des ovations qui ont accueilli ma promenade aérienne. Avec un appareil qui inspire toute confiance, avec un moteur qui marche régulièrement, il n'est pas plus difficile d'aller évoluer au-dessus de la campagne, des villages, des villes, et même en plein cœur de la capitale, que de voler au-dessus d'un aérodrome.

Dans ces conditions, l'aviation ne paraît donc pas une chose bien difficile. Il suffit toutefois de

PAULHAN à Juvisy.

Le Comte de LAMBERT quittant Juvisy
pour se diriger sur Paris.

la connaître pour ne s'élancer dans les airs qu'avec le minimum de risques.

Quoi qu'il m'en coûte de parler de moi-même, je ne puis toutefois oublier que j'étais préparé à quitter l'aérodrome. J'étais préparé de longue date, car dans l'aviation je ne suis déjà plus un jeune.

Bien avant que les prouesses des aviateurs eussent accaparé l'attention publique, je m'étais occupé du « plus lourd que l'air », d'abord avec Lilienthal, dont tout le monde se rappelle les vols planés ; puis avec sir Hiram Maxim, l'un des précurseurs de la locomotion aérienne.

A la période d'accalmie qui succéda aux toutes premières expériences, dont les échecs provenant du défaut d'un moteur à explosions découragèrent la plupart des inventeurs, je bifurquai vers l'hydroplane. Il y a une corrélation évidente entre le glisseur aquatique et le glisseur aérien. Les lois d'équilibre sont à peu près semblables ; seule la densité diffère.

Pendant plusieurs années, je poursuivis mes études sur l'hydroplane, et lorsque Wilbur Wright vint en France, je suivis les essais que le célèbre aviateur fit au Mans. L'appareil m'ayant semblé fort intéressant, je me fis présenter à Wright, dont je devins bientôt l'ami. Lorsqu'il me demanda d'être son premier élève, j'acceptai de grand cœur. Après deux heures et demie de vol en compagnie du maître, je devins moi-même aviateur.

Ma grande joie aurait été de franchir la Manche. Le temps matériel me manqua pour mettre mon appareil au point et mon plus vif désir fut d'accomplir un voyage aérien qui n'avait pas encore été fait. Cette joie, je viens de l'éprouver, et ma satisfaction de sportsman fut grande lorsque je parvins au-dessus de la tour Eiffel.

Dire que ce vol fut spontané ne serait pas une vérité. Depuis six jours, j'attendais le moment où, quittant Port-Aviation, je viendrais en ligne droite évoluer au-dessus de Paris. Chaque jour même, un de mes amis, Paul Rousseau, chronométreur officiel, se rendait à la tour, pour me voir apparaître. Hors lui, personne n'en savait rien !

Mon voyage n'a en somme aucune histoire. A l'aller, je me suis guidé sur la tour. Au retour, la Seine et un réservoir blanc situé près de Juvisy m'indiquèrent la route. Je me suis élevé, en quittant Paris, entre cinq et six cents mètres, et à aucun moment je n'ai éprouvé la moindre sensation de danger.

Mon étonnement le plus vif fut, lorsque j'atterris, de voir Orville Wright, dont j'ignorais la présence à l'aérodrome, et je fus heureux qu'on voulût bien associer à ma réussite le nom de l'un de ceux qui m'avaient ouvert le chemin de l'air.

Comte DE LAMBERT.

La Demoiselle de Santos-Dumont

⁂

La mise en train des moteurs

J'ai assisté aux expériences sensationnelles de M. Santos-Dumont à Saint-Cyr, avec son appareil dit *la Demoiselle.*

Il appartenait à celui qui, aussi bien de la dirigeabilité des aérostats que de l'aviation, a été un véritable précurseur, que dis-je? un initiateur, de clore les magnifiques exploits de la semaine de Reims et du meeting de Brescia par de nouvelles prouesses. Son appareil est une merveille d'ingéniosité dans l'ensemble comme dans les détails. Il a résolu ce tour de force de réduire au minimum la surface sustentatrice et par conséquent l'encombrement de l'appareil. Il est vrai que, pour un poids qui ne dépasse pas 150 kilogrammes, il dispose d'une force motrice assez considérable, et cela afin de compenser par la vitesse ce qu'il a diminué en surface sustentatrice.

Son système donnera satisfaction à ceux qui sont partisans des grandes vitesses pour les aéroplanes. Je n'en suis pas ennemi moi-même, mais je crois que, sous le rapport de la sécurité et aussi pour pouvoir faire des explorations et des voyages avec plus de commodité et d'agrément, il conviendra d'étudier des appareils d'aviation pouvant sillonner l'espace avec une vitesse moins vertigineuse. On sait que ce résultat peut être obtenu en augmentant les surfaces des sustentateurs; mais il est permis de concevoir qu'avec de meilleures courbures données à ces surfaces, ou encore si l'on peut alléger davantage les moteurs en y adjoignant des hélices purement sustentatrices, il sera possible d'atteindre le but désiré.

Un point sur lequel je voudrais, en terminant, appeler l'attention de tous les adeptes de la nouvelle découverte, aviateurs et constructeurs, est la mise en train du moteur d'un aéroplane au moment du départ. La façon dont elle s'exécute est vraiment barbare, et l'on frémit à la pensée que l'ouvrier qui saisit des deux mains les pales de l'hélice pour lui donner l'impulsion voulue risque chaque fois sa vie. Si, en effet, il ne s'éloigne pas assez tôt ou s'il est aspiré, comme cela a eu lieu dernièrement, par le vide que produit l'hélice en tournant, il est attrapé par une des pales de l'hélice et écartelé.

Il faut absolument qu'on trouve pour le démarrage du moteur un moyen permettant de l'effectuer par un organe disposé sur l'aéroplane lui-même et actionné par l'opérateur. En attendant et pour les essais il conviendrait d'avoir recours à un appareil de transmission placé à distance et pas dans le plan de l'hélice, en perfectionnant un dispositif que d'ailleurs M. Santos-Dumont avait essayé lui-même au début de ses expériences.

ARMENGAUD Jeune.

Paris, le 15 Septembre 1909.

La Législation de l'air

⸸ ⸸ ⸸

CODES MUNICIPAUX, NATIONAUX, INTERNATIONAUX

VERS L'UNION AÉRIENNE UNIVERSELLE

Les progrès de la locomotion aérienne soulèvent un ensemble prodigieux de problèmes dont on souriait, comme de tout le reste, il y a un an et qui n'en sont pas moins déjà actuels et mêmes urgents. En attendant que les mœurs aient le temps de s'adapter aux révolutions qui se précipitent, quantité de mesures de transition s'imposent dans tous les pays, tant à l'intérieur qu'à l'extérieur. Dans le domaine des relations étrangères, des questions de droit impossibles à éluder exigeront bientôt des Gouvernements des solutions nationales, des accords internationaux ou même une entente universelle.

Peut-on, par exemple, atterrir dans un pays étranger ; à quelles conditions ? nous avons vu à ce sujet la lettre du Capitaine Ferber ; peut-on franchir une frontière, une limite de douane ou d'octroi sans avertissement ? comment assurer l'identité du ballon, du dirigeable ou de l'aéroplane ? peut-on circuler dans l'air au-dessus des villes, villages, habitations et, en ce cas, à quelle hauteur minima ? comment croiser ou dépasser un autre appareil d'aviation ? etc., etc.

Autant de cas à examiner et de solutions à apporter dans le plus bref délai possible ; en effet, si les juristes se laissaient par trop devancer par les inventeurs, nous assisterions à une véritable anarchie dans le domaine des airs : les abus et les accidents ne se compteraient pas.

Il faut donc une réglementation internationale de la circulation aérienne, comme il y a des lois et des coutumes pour la circulation terrestre, fluviale et maritime.

C'est dans ce but qu'une conférence où seront représentées toutes les grandes nations européennes va se réunir à Paris prochainement.

Chacun des Etats participants se prépare actuellement, par des études minutieuses, à trouver les meilleures solutions.

Plusieurs d'entre eux ont déjà, le Gouvernement Français notamment, institué des commissions destinées à grouper les éléments

Le Comte de LAMBERT à Paris.

Le 18 Octobre 1909, le Comte de **LAMBERT**, sur biplan Wright-Ariel, prend son essor, à Port-Aviation, a 4 h. 37', s'envole à 100^{m} et se dirige sur Paris ; s'élevant progressivement à 450^{m} et au delà même de 600^{m}, il prend la Tour Eiffel comme pylône de virage, la double, retourne à Port-Aviation, où il atterrit à 5^{m} de son hangar, ayant accompli un circuit de 48 kilom., en 49' 39'' 2/5.

d'appréciation de tous les intéressés et notamment des administrations des Finances, des Travaux publics, de l'Intérieur, des Affaires étrangères, etc., etc.

Espérons que cette préparation va permettre à la future conférence de se livrer à un travail efficace. Ses réunions seront des plus intéressantes en tous cas et nous suivrons attentivement ses travaux.

EN 1912

– Cette année, mon fils, l'Hiver sera précoce, car voici la deuxième bande de riches que je vois s'envoler vers le sud

(Life, New-York)

(Nous avons publié déjà cette gravure qui semblait une boutade il y a six mois. Elle a pris aujourd'hui moins d'invraisemblance. Je me souviens qu'en la voyant chez moi le Capitaine Ferber me disait les caricaturistes sont des prophètes ; cette charge sera dans peu d'années la vérité).

E. C.

Pour réglementer les épreuves d'aviation

Nous avons eu l'occasion de dire combien il était nécessaire que des mesures sévères soient prises pour empêcher que, sous forme de manifestations organisées en faveur de la locomotion aérienne, on ne convie le public qu'à de simples exhibitions n'ayant pour but et pour mobile qu'un profit financier.

Au cours de quelques derniers meetings, les difficultés les plus graves ont surgi entre organisateurs et aviateurs. Alors que les premiers avaient fait de réels sacrifices, ils se voyaient privés au dernier moment du concours de pilotes dûment engagés, qui ne se dérangeaient pas ou allaient courir ailleurs parce qu'on leur offrait des sommes plus importantes.

C'est ainsi que le mois dernier, on a pu voir la présence de certains aviateurs annoncée en même temps en Allemagne, en France et en Angleterre!

La Fédération aéronautique internationale, réunie à Zurich, et la Commission aérienne mixte en France se sont émues de cet état de choses. Ces deux pouvoirs ont simultanément publié des communications officielles, qui empêcheront désormais les inconvénients et les agissements que nous signalions.

Enfin, la Commission aérienne mixte a décidé que le régime d'organisation des meetings d'aviation en France s'inspirerait de celui des courses de chevaux, et que seuls les groupements pouvant se réclamer de la qualité de société d'encouragement seraient autorisés, à la condition de n'en tirer aucun bénéfice pécuniaire.

Voici, les textes exacts des décisions qui ont été prises :

A la Fédération aéronautique internationale

La Fédération aéronautique internationale a décidé que :

L'engagement dans une épreuve comporte l'obligation de partir, sauf le cas de force majeure. Il est interdit au concurrent engagé de prendre part, à la même date ou pendant la même période, à une autre épreuve, sous peine de disqualification et d'amende.

Les concours, courses ou épreuves sont gagnés par le titulaire de l'engagement qui devra être le pilote.

A la Commission aérienne mixte

Voici la note qui est communiquée par ce groupement :

Les représentants des différents groupements : Aéro-Club de France, Automobile-Club de France, Chambre syndicale des industries aéronautiques, Ligue nationale aérienne, qui composent la Commission aérienne mixte, ont décidé, le 11 novembre 1909, à l'unanimité, que :

La Commission aérienne mixte devait se préoccuper d'assurer aux manifestations sportives de dirigeables ou d'aviation toutes les garanties nécessaires, autant vis-à-vis du public, qu'il importe de défendre contre des organisateurs qui pourraient n'avoir ni compétence ni scrupules, que vis-à-vis des pouvoirs publics dont l'appui pourrait être sollicité pour assurer le succès de réunions de ce genre.

La Commission aérienne mixte a été frappée par les faits suivants :

D'une part, certains aviateurs ont des exigences et des procédés inadmissibles ; d'autre part, il est impossible de penser qu'un contrôle sévère sous toutes ses formes et des engagements de garanties suffisantes puissent être assurés par des organisateurs de réunions qui ne voient dans la locomotion nouvelle qu'une spéculation.

La Commission aérienne mixte considère qu'elle a la mission de veiller au développement et au perfectionnement de la locomotion aérienne, en réglementant ses diverses manifestations pour empêcher qu'elles ne deviennent des exhibitions foraines dangereuses ou des spectacles qui ne peuvent aider en rien aux progrès de la science.

Après avoir rappelé que ce n'est pas la grande quantité de réunions qui pourra donner des résultats intéressants, la Commission aérienne mixte indique que le nombre des meetings devra être plutôt restreint.

La Commission aérienne mixte rappelle les décisions prises à Zurich, que nous reproduisons ci-dessus, et elle ajoute :

La Commission aérienne mixte, afin de compléter pour la France ces décisions décide en outre qu'à l'avenir, aucune réunion comprenant des épreuves régulièrement disputées, c'est-à-dire au cours desquelles des classements seront établis sous quelque forme que ce soit, ne sera autorisée que si l'organisateur est agréé par la Commission aérienne mixte. Cet agrément ne sera donné qu'aux sociétés, groupements ou comités qui déclareront ne vouloir retirer aucun bénéfice de pareilles réunions et se soumettre au contrôle financier de la Commission aérienne mixte.

Cependant, dans le cas où un bénéfice serait réalisé, il devra être affecté comme prix à de nouvelles épreuves proposées par les mêmes organisateurs. Pendant ce temps, les fonds seront mis en dépôt dans une caisse indiquée par la Commission aérienne mixte.

Si les organisateurs déclaraient au bout d'une année ne pas vouloir organiser ces épreuves la Commission aérienne mixte disposerait des fonds à titre d'encouragement à la locomotion aérienne.

Le document indique ensuite que les organisateurs devront se munir d'une licence, et qu'ils devront garantir ou verser d'avance le montant des prix annoncés.

Il est ensuite fait allusion aux contrats particuliers intervenus avec les aviateurs.

Tout contrat particulier intervenu, en dehors de l'engagement et des conditions du programme, entre organisateurs et participants, devra être immédiatement communiqué à la Commission aérienne mixte ou à ses mandataires, sous peine de disqualification des organisateurs et des pilotes intéressés.

A partir du 1er Janvier 1910, chaque aviateur ou pilote d'aéronat devra être possesseur d'une licence, délivrée à titre gracieux. Cette licence, valable pour l'année, ne pourra être délivrée qu'aux possesseurs d'un brevet d'aviateur ou de pilote-aéronat.

Dès maintenant la Commission aérienne mixte reconnait comme valables les brevets délivrés par l'Aéro-Club de France.

Enfin, faisant allusion aux exhibitions d'aviateurs, aux manifestations foraines qui tendent à discréditer la locomotion aérienne, et dont certaines ont causé quelques scandales, le document se termine ainsi :

La Commission aérienne mixte se réserve le droit de suspendre temporairement et de retirer la licence à tout aviateur qui participerait à des épreuves ou réunions non agréées par elle.

Les mêmes sanctions pourraient être prises contre l'aviateur qui prendrait part à des exhibitions ou à des spectacles susceptibles de discréditer l'aviation.

Ainsi, nous l'espérons, nous allons voir le nombre des meetings considérablement diminué, avec l'assurance donnée au public d'une organisation sincère et sérieuse, et enfin l'obligation pour les aviateurs de remplir leurs engagements.

Paul Rousseau.

(16 Novembre 1909).

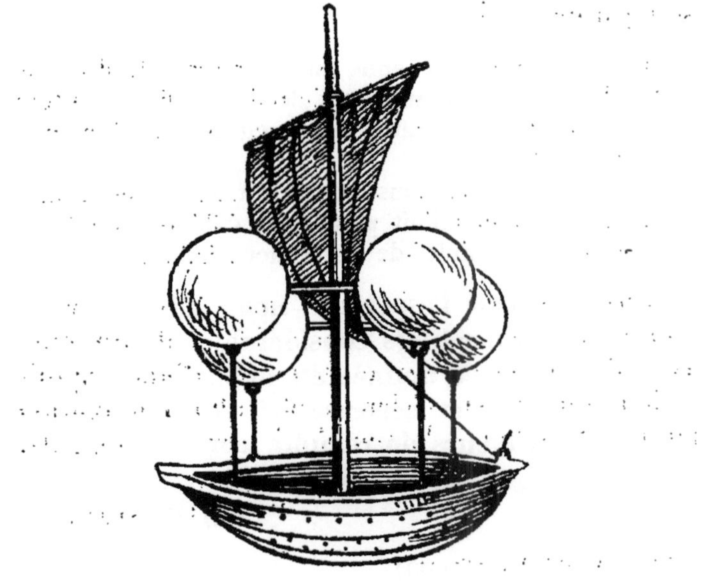

Ecole Supérieure d'Aéronautique

et de Construction mécanique

par le Commandant ROCHE, Directeur de l'école

* * *

L'Ecole supérieure d'Aéronautique et de Construction mécanique a ouvert ses cours le 15 novembre, avec 120 élèves, dont 50 entrant de droit comme diplômés des grandes écoles, 15 licenciés ès-sciences, 6 officiers délégués par les Ministres de la Guerre et de la Marine, et 49 candidats admis après examens.

Le but du nouvel établissement est de former des ingénieurs constructeurs de ballons, d'aéroplanes et de moteurs légers.

L'enseignement peut être considéré comme formé de trois parties d'inégale importance : aéronautique, moteurs, frigorifique.

Toutes les séances du matin sont consacrées aux cours théoriques, professés par M. Lecornu, professeur à l'Ecole supérieure des Mines et à l'Ecole Polytechnique, par M. Painlevé, Membre de l'Institut, professeur à la Faculté des Sciences et à l'Ecole Polytechnique, et par le Commandant Renard, ancien sous-directeur de l'Etablissement Central d'aérostation militaire de Chalais (Meudon); en outre, des conférences sont faites par des spécialistes.

Les après-midi sont entièrement employées aux travaux pratiques. Un soin tout spécial a été apporté à cette organisation : on a aménagé, à cet effet, deux ateliers d'aéronautique, un atelier mécanique et une salle de dessin industriel. Mettant eux-mêmes la main à la pâte, les élèves sont d'abord exercés aux travaux élémentaires de l'ouvrier, de manière à ce qu'ils se rendent bien compte des difficultés de ces ouvrages, et qu'ils soient à même d'en diriger plus tard l'exécution ; mais les efforts de leurs chefs d'ateliers tiendront surtout à leur enseigner le métier même de l'ingénieur, montage des divers éléments d'un ballon ou d'un aéroplane, essais et mise au point des moteurs, etc.

Ces exercices seront complétés par de nombreuses visites d'usines, qui ont, d'ailleurs, déjà commencé.

Un diplôme d'ingénieur aéronaute sera délivré à ceux qui, dans leurs travaux de l'année et dans les examens généraux, auront obtenu une moyenne déterminée.

Les élèves sortis de l'Ecole pourront trouver des débouchés :

1° Dans l'industrie aéronautique proprement dite. Il suffit de visiter les usines de construction de ballons et d'aéroplanes et d'y constater leur grande activité pour comprendre que certaines d'entre elles aient peine à satisfaire aux commandes qui leur viennent des gouvernements, des sociétés sportives ou des particuliers. D'autre part, il est à prévoir que, au moment où la première promotion sortira de l'École, c'est-à-dire en juillet 1910, les usines se seront notablement multipliées et étendues, et que par suite leur besoin en personnel se sera lui-même accru ;

2° Dans les usines qui fabriquent des moteurs. — Comme il a déjà été dit, l'enseignement relatif à la construction des moteurs est tout particulièrement soigné, et il en résulte que les élèves seront aptes à rendre des services dans les établissements dont il s'agit, qui dès aujourd'hui sont nombreux et très importants ;

3° Dans l'industrie frigorifique. — Cette industrie, qui se développe si rapidement paraît appelée à un avenir considérable ; et elle semble devoir offrir des situations avantageuses aux élèves qui auront suivi les conférences sur le froid et fait marcher les machines frigorifiques installées dans l'Ecole même.

L'organisation qui vient d'être indiquée a été approuvée par le Conseil de Perfectionnement, dont la composition constitue à elle seule une garantie de la valeur de l'établissement qui fonctionne depuis le 15 novembre :

Conseil de Perfectionnement

Président

M. DOUMER, Député, ancien Président de la Chambre des Députés.

Vice-Présidents

MM.

APPEL, Membre de l'Institut, Doyen de la Faculté des sciences de Paris.

GUILLAIN, Député, Président du Comité des Forges de France et de l'Union des Industries métallurgiques et minières.

Comt RENARD, ancien Sous-Directeur de l'Établissement central d'Aérostation militaire de Chalais (Meudon).

Membres

MM.

D'ARSONVAL, Membre de l'Institut Professeur au Collège de France.

BALLIF, Président du Touring-Club de France.

BERTIN, Membre de l'Institut, ancien Directeur des Constructions navales.

BESANÇON, Secrétaire général de l'Aéro-Club, Directeur de l'Aérophile.

CARNOT, Membre de l'Institut, ancien Directeur de l'Ecole supérieure des Mines.

CHAUTARD, Député ancien Président du Conseil Municipal de Paris.

DASTRE, Membre de l'Institut, Professeur à la Faculté des sciences de Paris.

DAUSSET, Conseiller Municipal, ancien Président du Conseil Municipal de Paris.

DESLANDRES, Membre de l'Institut, Directeur de l'Observatoire de Meudon.

D'ESTOURNELLES DE CONSTANT, Sénateur.

Général LANGLOIS, Sénateur.

LECORNU, Ingénieur en chef des mines, Professeur à l'Ecole supérieure des Mines et à l'Ecole Polytechnique.

LOREAU, Ingénieur des Arts et Manufactures, Président de la Commission aérienne mixte.

PAINLEVÉ, Membre de l'Institut, Professeur à la Faculté des sciences de Paris et à l'Ecole Polytechnique.

Edmond PERRIER, Membre de l'Institut, Directeur du Museum d'Histoire naturelle.

QUINTON, Président de la Ligue nationale aérienne.

Eug. SARTIAUX, Ingénieur chef des services électriques du Chemin de fer du Nord.

Liste des Candidats

admis à la suite des derniers examens

(NOVEMBRE 1909)

MM. d'Anthouard de Vraincourt ; Asensio ; Asriel ; de Bancarel (Georges) ; de Bancarel (Pierre) ; Barthel ; de Bazillac (Michel) ; Beauvarlet de Moismont ; Besseteaux ; Benoît ; Berger ; Beurdeley ; Besana ; Bignan ; Bilbault ; Blindermann ; Blondin ; Bonneault ; de Bothezat ; Boudineau ; de Bourbon ; Boutmy ; Boutron ; Branzzi-Ricardo ; Brincat ; Brisson de Laroche ; Cadart ; Cammarota ; Canard ; Clavel (Casimir) ; Clavel (Georges) ; Cohen ; Cohn ; Combon ; Cornet ; Courcier ; Dantzig ; Desvignes ; Diot ; Dortès ; Dupoux ; Fécheyr ; Frémy ; Friede ; Gantès ; Gardies ; Glébocki ; Gouault ; Gontier ; Gourlin ; Grand ; Gueskine ; Gypteau ; de Hulster ; Jacobson ; Joyeux ; Kaplan ; Kiritcheff ; Kass ; Laborde-Padie ; Lamy ; Langlois ; Lanos ; Larnac ; de Lauzon ; Leipuner ; Lemasson ; Lesage ; Lhuillier ; Loni ; Marchand ; Mayoroff ; Mergier ; Mongermon ; Motcharouk ; Nielly ; Oulif ; Paroum ; Payet ; Pecquet ; Perdrizet ; Pittiot ; Planteau ; Poizot ; Prior ; Reymond ; Riche ; Robert (André) ; Robert (Eugène) ; de La Rochefoucault ; Rullière ; Sailer ; de Saint-Marc ; Salvetti ; Saucède ; Schechimann ; Séguin ; Siccama ; Slaniceano ; Suquet ; Tuffery ; Tartary ; Tissier ; Trassy ; Valensi ; Varney ; Vodel ; Verheyden ; Chaine ; Vincent ; Weyman ; Yliouchkine.

Une chaire d'Aviation à l'Université de Paris

L'aviation vient de faire une conquête nouvelle. On a créé pour elle une chaire à la faculté des sciences de l'université de Paris. A dire vrai, c'est à un acte de générosité privée que nous devons cette création. M. Zaharoff avait accordé une somme suffisante pour rétribuer l'enseignement de l'aviation à la Sorbonne. Un décret paru ces jours derniers à l'*Officiel* nomme M. Marchis, professeur de physique générale à la faculté des sciences de l'université de Bordeaux, professeur d'aviation à la faculté des sciences de l'université de Paris.

Professeur d'aviation ! Ces simples mots marquent une date et une ère nouvelles. La même année qui s'enorgueillit, à juste raison, de la semaine de Reims verra l'aviation entrer à la Sorbonne. Elle y arrive dans le rayonnement d'une jeunesse précoce, couronnée de lauriers cueillis de la veille. Elle y arrive, pour parler le langage scolaire, avec une dispense éclatante. Les autres sciences, ses illustres aïeules, si nobles, si calmes, regarderont sans doute avec un étonnement mêlé de quelque fierté ce rejeton entreprenant, épris d'aventures et qui mène la vie à grandes ailes. Cette magnifique famille si unie parce qu'elle est admirablement divisée, accueillera ce petit dernier avec une bienveillante curiosité. Sa naissance reste encore enveloppée de mystère. Ce sera précisément l'office et le rôle de la Sorbonne de lui découvrir ses parents véritables et de lui établir un état civil authentique.

Il paraîtrait que pour cette nomination de professeur d'aviation, M. Doumergue n'a pas eu l'embarras du choix, l'honorable M. Painlevé déclinant toute candidature. Nous le croyons volontiers. Tout le monde parle d'aéroplanes, tout le monde s'y intéresse, mais professer en cette matière doit être moins aisé. Le nombre de spécialistes capables de la traiter d'une façon dogmatique est fort restreint. On les compterait sur les doigts d'une seule main. Un de nos confrères de la presse sportive prétend que, M. Painlevé hors concours, M. Marchis ne saurait avoir qu'un rival, M. Rodolphe Soreau, un ingénieur sorti de l'Ecole polytechnique. Quoi qu'il en soit, le savant professeur de l'Université de Bordeaux a de quoi justifier la préférence dont il a été l'objet. L'un des premiers, parmi les professeurs de l'Université, il s'est consacré à l'étude des applications les plus récentes de la science. Naturellement il s'est occupé de l'automobilisme, au point de vue mécanique. Il a également traité la question des dirigeables et celle des aéroplanes. Ses livres, ses conférences l'ont mené droit à la faculté des sciences de Paris.

Voilà donc la France qui une fois de plus prend la tête d'un mouvement scientifique. Elle est en état de s'assurer une initiative qui montre à quel point elle sait garder la place conquise dans le progrès de l'aviation. Il n'y a pas encore, que nous sachions, de chaire pour cette matière dans les universités étrangères. Certes, ce résultat est flatteur pour notre notre amour-propre national. Et cependant, un peu de tristesse tempère et gâte notre joie. Les victoires que nous remportons souvent dans le domaine scientifique sont sans lendemain. Nous ne savons pas les organiser. Nous ne manquons ni d'idées ni d'esprit inventifs. Nous assistons, chez nous, à des efforts individuels merveilleux. On les vante, on leur fait fête, quelquefois aussi on les récompense. Mais ces efforts sont isolés. C'est une des formes du splendide isolement. Ils ne sont pas féconds, comme il conviendrait. Ils ne se traduisent pas dans la pratique par des résultats heureux. Ce qui se passe pour nos dirigeables en est malheureusement une preuve. On vient ces jours derniers de pousser un cri d'alarme à ce sujet. On ne saurait trop insister sur ce point douloureux. Nous avons été les premiers à construire de ces navires aériens. Qui ne se souvient du premier voyage du *Patrie,* se rendant à Verdun? Cet exploit fut salué par la presse du monde entier. A cette époque, le *Zeppelin* n'avait pas quitté son hangar aquatique; il faisait son tour du lac, sans se lancer dans des expéditions plus lointaines. Que les temps sont changés! Nous ne ferons pas l'historique de notre aérostation militaire. Nul ne l'ignore. Mais tandis que nos places fortes de l'Est sont dépourvues de ballons dirigeables, les Allemands possèdent une véritable flotte aérienne, qui veille aux barrières du Rhin. La réunion de ces engins de guerre, leurs manœuvres récentes, l'exercice suivi auquel on les soumet, tout dénote une volonté ferme d'organisation réfléchie. Où est, chez nous, la volonté? Où est l'organisation?

(*Temps* du 2 Décembre 1909.)

UN MOT NOUVEAU

Le Survol

* *

La même expression est impropre pour désigner ce qu'il y a de plus vil et ce qu'il y a de plus noble.

J'ai reçu la lettre suivante :

« — Mon cher ami, c'est avec raison que, de tous côtés, on se plaint de n'avoir qu'un seul et même mot pour désigner le vol du larron et celui de l'oiseau ou de l'aviateur.

« Lorsque le regard tombe, en tête d'un article de journal, sur des titres tels que : UN VOL PRODIGIEUX, ou bien : LE VOL LE PLUS IMPORTANT DE LA JOURNÉE, il arrive qu'on se refuse à lire plus avant, si l'on n'aime pas les histoires de cambrioleurs.

« Je propose ceci : garder les mots *vol* et *voler*, augmentés seulement du préfixe *sur*. On dirait *survol* comme on dit *surhomme*.

« L'homme qui vole dans les airs restera l'*aviateur*, mot excellent. On ne pourrait dire en effet un *survoleur*, puisqu'on ne dit pas d'un oiseau un *voleur*, mais on dira : *L'aviateur Blériot, après un envol remarquable, a survolé pendant deux heures...* etc.

« Que pensez-vous de mon idée ? Si elle vous semble intéressante, présentez-la, je vous prie, aux lecteurs de l'*Intransigeant*. Bien à vous,

« Jean D'AURIOL ».

***

Elle me paraît assez heureuse, l'idée de mon ami Jean d'Auriol — tellement je crois devoir lui en laisser tout l'honneur.

Un insecte, un oiseau qui volent, accomplissent sans mérite une fonction que leur impose leur nature même. Mais que l'homme soit arrivé à triompher de la pesanteur, à prendre essor, à se maintenir et à se diriger dans les airs, c'est bien là un acte de *surhomme*, c'est le *survol*. *Survol* s'entend tout de suite, l'expression s'explique et se défend d'elle-même.

Voyons cependant d'un peu près quelle serait la situation du mot *survol* par rapport au mot *vol* signifiant *larcin*. Il est entendu que le mot *vol*, pris dans le sens de *larcin*, est une figure qui nous vient du langage des fauconniers. Le fauconnier *volait* la perdrix ou le lièvre, c'est-à-dire s'emparait du lièvre ou de la perdrix en les faisant poursuivre et prendre par le vol du faucon. Le braconnier, à son tour, *vola*, par fraude, le gibier ; et le larron, enfin, *vola*, par métaphore, le mouchoir ou la bourse du passant.

Le vol du voleur est donc le plus vil, le plus bas des vols. Le *survol* de l'aviateur, c'est le vol qui *sur*passe tous les autres, le vol par excellence, le plus noble des vols. Le mot *survol* contient un hommage à la grandeur, à la puissance, à l'élévation, à la transcendance du génie humain.

Et la supériorité matérielle du *survol* de l'aviateur

n'est pas moins incontestable, si vous songez qu'il emporte des poids que nul autre vol n'est capable de soulever.

*
* *

D'autre part, le mot *survol* aurait l'avantage de n'entraîner aucune modification dans nos habitudes de parler ; un préfixe ne modifie un mot qu'une fois (une fois pour toutes) et sans le défigurer. On reconnaît toujours *monter* dans *sur*monter, *nager* dans *sur*nager, *prendre* dans *sur*prendre, *élever* dans *sur*élever, etc. — Seulement, dans *survol*, le préfixe suggérerait avant tout l'idée d'une supériorité morale, ce qui n'est pas, j'imagine, pour déplaire aux aviateurs.

Ainsi analysé, le mot me semble fort bon.

Mais n'y aura-t-il point un cas où le préfixe « *sur* » nous embarrassera quelque peu, parce qu'il amènera une superfétation ? un pléonasme ? Faudra-t-il dire : *sur*voler *au-dessus* d'une ville, d'une forêt, d'une mer ?

L'objection appelle une réponse qui me paraît triomphante. C'est ici, en effet, que le mot pourrait prendre une personnalité bien marquée... Pourquoi ? parce que le préfixe « *sur* », sans cesser d'évoquer l'idée de supériorité morale, servirait, en même temps, à indiquer la position de l'aviateur par rapport à la nature des lieux que domine son survol. Ainsi, au lieu de dire : *Le Comte de Lambert a volé au-dessus de Paris,* — on dirait : *Le Comte de Lambert a survolé Paris, hier, de l'Est à l'Ouest ; ce fut un survol incomparable.*

Et l'on *survolerait* le mont Blanc comme on *surmonte* les plus redoutables difficultés.

Mais oui, plus je l'examine, plus le mot me semble excellent ; et, si j'étais directeur de journal, j'engagerais mes collaborateurs à le lancer, à l'imprimer quotidiennement. Le public aurait bientôt fait de nous dire si le terme est né viable.

Notez bien que ce n'est qu'à « l'user » qu'un mot,

comme un vêtement, peut devenir agréable. Neuf, il étonne, il gêne nos habitudes. Le romancier qui baptise ses personnages ne se familiarise pas tout de suite avec les noms qu'il leur a choisis. Ce n'est que plus tard que les noms lui montrent ses héros, comme le substantif usuel représente la chose.

M. Jean d'Auriol nous offre *survol* et *survoler*. Essayons-en. Nous verrons bien. Tous les termes qui accompagnent les mots *vol* et *voler* continueront à être à leur place auprès de *survol* et de *survoler*, ce qui n'est pas un mince avantage. On dira : *L'aviateur prend essor, s'envole, survole, plane, se pose, s'envole à nouveau pour survoler encore...*

C'est singulier ! A moi, le mot *survol* semble déjà une expression depuis longtemps consacrée. Il est vrai que j'ai reçu, il y a huit jours déjà, la lettre de mon ami Jean d'Auriol... Huit jours ! un quart de mois ! un siècle !

Jean AICARD,

de l'Académie française.

LE SURVOL

✢ ✢

Sonnet pour présenter au Public et aux Aviateurs
un néologisme nécessaire.

L'homme eut toujours, cœur d'aigle ou cœur de rossignol,
L'espérance obstinée, et longtemps mensongère,
De s'envoler, d'une aile empruntée et légère,
Loin de tout ce qui rampe ou pèse sur le sol.

Bien au-dessus des pics, qu'on franchit par le col,
Réalisant le vœu que l'oiseau nous suggère,
L'aile humaine, demain, guerrière ou messagère,
Tentera, triomphante, un merveilleux survol.

Le surhomme est donc né, puisque l'homme a des ailes :
Il prend essor, il monte à des gloires nouvelles ;
Le feu prométhéen traîne son char ailé.

On survole Paris, Londres Berlin et Rome ;
L'homme laisse à ses pieds le globe survolé :
Le survol, c'est le vol surnaturel de l'homme.

Jean AICARD.

La Garde, 1er Novembre 1909.

Le Comte DE LAMBERT et son biplan Wright

Les Révolutionnaires

et

l'Aviation contre la Guerre

* * *

On nous répète volontiers que l'aviation n'est qu'un moyen de destruction à ajouter à tous les autres, une conquête de la science au service de la violence. Laissons dire. Nous maintenons que la locomotion aérienne contribuera à rendre la guerre impossible ; et, sans revenir sur les arguments que nous avons développés dans ce sens, relevons pourtant la facon dont le parti révolutionnaire envisage déjà ouvertement comment il se servirait des découvertes nouvelles contre l'agresseur qui prétendrait troubler la paix et violer le territoire d'un autre Etat.

On rira, comme toujours, de ces menaces, sans penser qu'elles comportent pourtant matière à réflexion.

Voici quelques extraits d'un volume de MM. Pouget et Pataud, intitulé : « *Comment nous ferons la Révolution* ».

Les auteurs supposent le problème résolu. La grève générale a fait la Révolution triomphante. Le parlementarisme est anéanti, le capitalisme ruiné, un monde nouveau est né. En France règne la paix mais toute l'Europe coalisée mobilise des armées, équipe des flottes pour combattre et anéantir la Révolution...

Et nous arrivons à « la dernière guerre ».

Aux premières rumeurs des menaces d'intervention étrangère, le comité confédéral convoqua un congrès général de tous les syndicats...

Tous les délégués abhorraient la guerre avec une intense passion. Ils en avaient la haine — et aussi l'épouvante.

Pourtant on ne pouvait laisser écraser la révolution ! Il fallait la défendre !

Mais comment ?

On partit de ce principe que plus terribles pourraient être les expédients auxquels on aurait recours, plus efficaces ils seraient, et plus courte serait la guerre.

Et ayant ainsi fait, sans scrupules, litière du « prétendu » droit des gens, la Révolution s'organise. Des commissions composées de techniciens « énergiques » sont nommées. L'une s'occupe à utiliser les ondes hertziennes et applique à des torpilles aériennes les procédés de direction employés pour les torpilles sous-marines. Une autre construit des aéroplanes télémécaniques que l'on charge des explosifs les plus violents. Une troisième commission d'études chimiques et microbiennes s'adonne à rechercher les moyens d'inoculer aux armées d'invasion — bêtes et gens — la peste, le typhus, le choléra, etc.

Ces procédés de défense et d'extermination, poursuivent les auteurs, *étaient antérieurement connus. Mais les gouvernements s'étaient toujours refusés à en envisager sérieusement l'application. Ils entendaient garder, même sur les champs de bataille, des apparences de civilisation... des apparences seulement ! Car il y avait davantage de véritable barbarie à lancer des milliers d'hommes les uns contre les autres qu'à employer ces redoutables procédés.*

Grâce à ces moyens, la guerre fût devenue impossible ! Or les gouvernements tenaient à conserver la guerre — car la peur de la guerre était pour eux le meilleur des artifices de domination. Grâce à la crainte de la guerre, habilement entretenue, ils pouvaient hérisser le pays d'armées permanentes qui, sous prétexte de protéger la frontière, ne menaçaient en réalité que le peuple et ne protégaient que la classe dirigeante.

Ce qu'avaient refusé d'envisager les gouvernements, les confédérés allaient le tenter : sans armée, sans se battre — rien que par l'action d'une infime minorité — ils allaient rendre leurs frontières inviolables !

Cependant trois corps d'armée, composés de soldats allemands, autrichiens, anglais et de hordes de cosaques, ont simultanément pénétré sur le territoire français.

Voici le récit de la bataille :

Au matin, les ballons captifs, qui guettaient au-dessus des camps, signalèrent la présence, à quelques kilomètres, d'installations insolites, rappelant celles de la télégraphie sans fil. Il en fut référé aux officiers supérieurs ; mais avant qu'il eût été possible de prendre des mesures de reconnaissance ou de protection, l'action destructive commençait.

Sans qu'aucun trouble atmosphérique ait donné l'éveil, de formidables explosions ravagèrent le sol. La terre trembla, fut secouée, éventrée ! On eût dit un volcan vomissant fer et flammes. C'étaient les parcs d'artillerie et les dépôts de munitions qui éclataient spontanément. Aux détonations des obus se mêlaient les pétarades des shrapnells et les crépitements des cartouches. En même temps, on vit, souples et sveltes, s'élancer dans les airs les aéroplanes télémécaniques ; ils arrivaient, graciles, avec une aisance parfaite. Lorsqu'ils furent parvenus au-dessus des troupes, et à l'instant jugé propice par les opérateurs installés au loin, le déclanchement radio-automatique déversait sur la plaine des bombes asphyxiantes, emplies d'acide prussique et de subtils poisons, ainsi que des bombes et des obus explosibles d'une puissance brisante formidable.

Un ouragan de fer et de feu s'épandit sur le camp, portant partout l'épouvante et la mort. Les victimes furent innombrables.

Ce fut la retraite, la débandade, la déroute...

Sur mer, le désastre fut plus grand encore, tous les navires ennemis sombrèrent corps et biens.

Et les auteurs concluent :

A l'annonce de cette gigantesque destruction, qui les frappait sur terre et sur mer, les gouvernements furent atterrés. Ils sentirent passer sur eux le frisson glacial de la mort, tandis que sur les peuples, réconfortés et encouragés, soufflait un vent chaud de révolte.

Mieux qu'au soir de Valmy furent alors de circonstance les paroles prophétiques de Gœthe : « Ici commence pour l'histoire une ère nouvelle... »

Les applications et l'avenir de la Navigation aérienne

o o o

Voici d'après l'intéressant ouvrage de M. le Pr Alphonse Berget,[1] un aperçu rapide des applications et de l'avenir de la navigation aérienne :

Les aéroplanes ne détrôneront pas le Dirigeable ; il y aura place pour l'un et l'autre dans le ciel. Quand il s'agira d'aller très vite, on aura recours aux aéroplanes de plus ou moins grandes dimensions, transportant plus ou moins de voyageurs. Les aéroplanes-navires permettront de traverser l'Atlantique en une journée.

La carrière du dirigeable se développera parallèlement.

---

(1) Un volume « LA ROUTE DE L'AIR », histoire, théorie, pratique, par M. Alph. BERGET, Docteur ès-sciences, Professeur à l'Institut Océanographique. 1 vol. in-8°, Hachette, Paris 1909.

Nombreuses seront leurs applications militaires, civiles, scientifiques.

Applications militaires : Les navires aériens serviront plutôt comme éclaireurs que comme combattants. Le jet des projectiles du haut des ballons paraît peu pratique, les ballons ne pouvant se délester impunément et les aéroplanes ne pouvant stopper au-dessus du point à atteindre.

Les dirigeables n'auront pas à craindre, comme on le croit, les aéroplanes, car ils pourront monter en ligne droite très vite en jetant du lest, tandis que les aéroplanes pour les rejoindre devront exécuter des zig-zags et louvoyer en hauteur, exposés au feu des mitrailleuses du dirigeable.

Il ne sera plus possible d'isoler une forteresse disposant de la télégraphie sans fil et d'une escadre aérienne.

En mer, une escadre ennemie ne pourra plus se dissimuler.

Applications civiles : Les applications à la vie civile se traduiront par des transports isolés, d'abord, puis en commun. Les riches auront leur berline aérienne comme leur auto, les grands itinéraires seront jalonnés de nombreux hangars et d'hôtelleries à ballons.

Le commerce, les marchandises, la masse des voyageurs continueront à employer l'automobile, le bateau, le chemin de fer accélérés, mais on ne prévoit pas les messageries aériennes de sitôt, sauf pour la poste qui pourra lancer d'heure en heure, dans toutes les directions, des chapelets d'aéroplanes-courriers.

Plus tard l'architecture des villes, et particulièrement des hôtels, se modifiera et la cité future s'ouvrira davantage vers l'air plus clair, plus sain et moins encombré que la rue.

Applications scientifiques : Ces applications seront prochaines et considérables. Elles faciliteront notamment l'exploration des terres inconnues. Les lacunes existant sur les cartes de l'Afrique, de l'Asie, de l'Australie, de l'Amérique du Sud, des régions polaires arctiques et antarctiques se combleront rapidement. Aujourd'hui c'est à peine si un explorateur peut faire quinze ou vingt kilomètres par jour. S'il faut se frayer un passage à travers l'inextricable forêt vierge, s'ouvrir une route, la hache ou le coutelas à la main, à travers le rideau serré des végétations tropicales, la marche est plus lente encore. Quand on explore les terres glacées des pôles, les « inlandsis » du Groënland, du Spitzberg ou de l'Antarctique, ce n'est même pas toujours en kilomètres que se chiffre l'étape quotidienne ; et cependant les fatigues et les dangers sont en raison inverse du chemin parcouru chaque jour.

Au prix de ces périls innombrables, quels sont les documents que recueille le géographe voyageur? Apportera-t-il à son retour, la carte complète du pays qu'il a traversé au risque de sa vie? Non, malheureusement, car, pour faire la carte complète d'une région, il y faudrait séjourner longtemps, et la parcourir dans toutes les directions ; le plus souvent, le voyageur ne rapporte que sa carte d'*itinéraire*, c'est-à-dire celle d'un « ruban » de pays figurant la route qu'il a faite. Evidemment, il notera ce qu'il voit à droite et à gauche de cette route ; il indiquera les collines et les monts qu'il aperçoit de part et d'autre, avec leur distance et les hauteurs estimées d'après des « relèvements ». Mais cela ne fera qu'élargir un peu son ruban, sans donner de carte générale ; encore les régions ainsi signalées seront-elles plutôt indiquées que pointées avec la précision géographique nécessaire.

Et, quand on réfléchit à toutes ces difficultés, on comprend l'existence des « taches blanches » de nos atlas ; ce qui est étonnant, c'est que l'homme ait pu -

arriver à sa connaissance actuelle de la Terre, étant donnée cette sorte d'hostilité passive des régions inconnues.

Pendant ce temps, cependant, alors que nous sommes impuissants à connaître les détails de la surface de notre planète, les astronomes sont arrivés à connaître par le menu toute la surface du ciel, à dénombrer jusqu'à une limite très reculée les astres brillants qui en saupoudrent la surface ; en un mot, ils ont fait la *carte du ciel*.

Ils l'ont faite, d'ailleurs, grâce à l'entente unanime des nations civilisées ; ils l'ont faite à l'aide d'un moyen d'examen qui constitue un témoin incorruptible : la photographie. La plaque photographique, comme l'a dit si heureusement Janssen, c'est la « rétine du savant » ; mais une rétine qui conserve les impressions qu'elle a reçues.

Jusqu'ici, évidemment, il était impossible ou tout au moins difficile d'appliquer à la représentation de la surface terrestre les procédés photographiques tels qu'on les applique à la confection de la carte du ciel, on n'avait, en effet, aucun moyen de « voir la terre de haut » ; le ballon, le ballon captif surtout, était le seul moyen utilisable, et il ne pouvait guère fournir que des vues « locales » du sol sous-jacent. De plus, pour avoir des photographies en nombre suffisant, il aurait fallu promener un ballon captif à travers le continent à explorer, et le transporter par conséquent, lui et ses accessoires, à l'aide d'une caravane : la difficulté n'eût pas été diminuée, loin de là.

Aujourd'hui, au contraire, le ballon dirigeable nous fournit la solution tant cherchée, et je crois qu'il la fournit d'une manière complète, grâce à l'adjonction de la photographie topographique, sous la forme si belle et si précise que lui a donnée, dès 1852, le colonel Laussédat.

Remarquons tout d'abord qu'au seul point de vue du chemin parcouru, et même s'il se bornait à photographier verticalement le terrain au-dessus duquel il évolue, l'aéronaute voyageant en dirigeable effectuerait déjà des *levers d'itinéraire* d'un rendement bien supérieur à celui que peuvent rapporter les explorateurs voyageant à la surface de la terre. En effet, en se tenant, par exemple, à mille mètres de hauteur, en photographiant le terrain sous-jacent, avec un appareil dont l'objectif grand angulaire aurait un « champ » de 90° d'angle et une distance focale de 20 centimètres, il aurait ainsi une épreuve qui serait une carte topographique au 1/5000 ; mais cette carte serait à la fois exacte et complète. Les épreuves pouvant être très nombreuses, en les mettant bout à bout on aurait ainsi la topographie détaillée et rigoureuse de l'itinéraire parcouru par l'aéronat ; comme d'autre part celui-ci marche à 50 kilomètres à l'heure, il fait en une heure de temps plus de chemin que l'explorateur en trois jours, et il le fait sans danger, sans fatigue, à l'abri des attaques des indigènes, à l'abri surtout des insectes pernicieux, des miasmes paludéens qui sont les plus grands ennemis que les voyageurs aient à combattre. Aujourd'hui un ballon (le *Zeppelin* l'a démontré) peut faire un voyage de trente-huit heures avec escales ; il pourra donc faire dix-neuf heures de route à l'aller, dix-neuf heures de route au retour en s'arrêtant la nuit, et explorer ainsi la contrée suivant le rayon d'un cercle de 1000 kilomètres, qu'un voyageur mettrait 40 à 50 jours à parcourir.

Mais sous cette forme simple, malgré la supériorité déjà très grande du voyage aérien au point de vue de la sécurité, de la vitesse et des documents rapportés, peut-être penserait-on que le résultat obtenu ne justifierait pas l'envoi d'un dirigeable en un point accessible du continent dont on voulait étendre l'étude. Aussi peut-on et doit-on attendre plus et mieux de la collaboration du dirigeable et de la chambre noire.

Tout d'abord, remarquons que le dirigeable sera grandement perfectionné d'ici très peu de temps : sa vitesse, déjà réalisée, de 50 kilomètres à l'heure, sera bien vite portée à 60 ; on augmentera son volume, et, au lieu de lui donner 3.000 à 3.500 mètres cubes, tout en lui conservant la construction « souple », et sans tomber dans le danger du ballon rigide, on le portera à 5.000 ou à 6.000 mètres : déjà un aéronat de ce volume est en construction à Paris. Si, dans ces conditions, on se contente de la vitesse de 50 kilomètres à l'heure, ce qui est déjà beau, on pourra emporter assez de combustible pour un voyage total de cinquante ou de soixante heures, ce qui fait vingt-cinq à trente heures à l'aller autant au retour.

Or, en vingt-cinq heures, un ballon marchant à 50 kilomètres à l'heure parcourt 1.250 kilomètres ; il peut faire escale pendant la nuit, durant laquelle la photographie est impossible, et revenir le lendemain en s'arrêtant même en route si c'est nécessaire : la perfection (*) des « étoffes » à ballon actuelle, l'emploi judicieux du ballonnet à air permettent à un ballon de rester dans l'atmosphère de longs jours sans perdre du gaz, et l'aéronat *Patrie*, qui fut aperçu, flottant encore tout gonflé sur la mer du Nord près de dix jours après que la tempête eut brisé ses liens, montre la « résistance » de l'aéronat moderne. *Nous pouvons donc admettre qu'on est, dans l'état actuel des constructions aéronautiques, en mesure de réaliser des aéronats de 5 à 6.000 mètres cubes de volume, et ayant 1.000 à 1.200 kilomètres de rayon d'action* ».

Par conséquent, en choisissant convenablement les « centres » où seront installées les *stations aéronautiques* centres qui coïncideront avec des lieux habités et accessibles de façon qu'on puisse y amener aisément le matériel et le personnel, on pourra couvrir un continent d'un réseau de cercles de 1.000 à 1.200 kilomètres de rayon, dont chacun peut être parcouru en vingt ou vingt-cinq heures par un aéronat portant les explorateurs et les instruments. La figure ci-contre montre comment on peut appliquer à une région déterminée, par exemple

(*) Malheureusement bien relative en France.

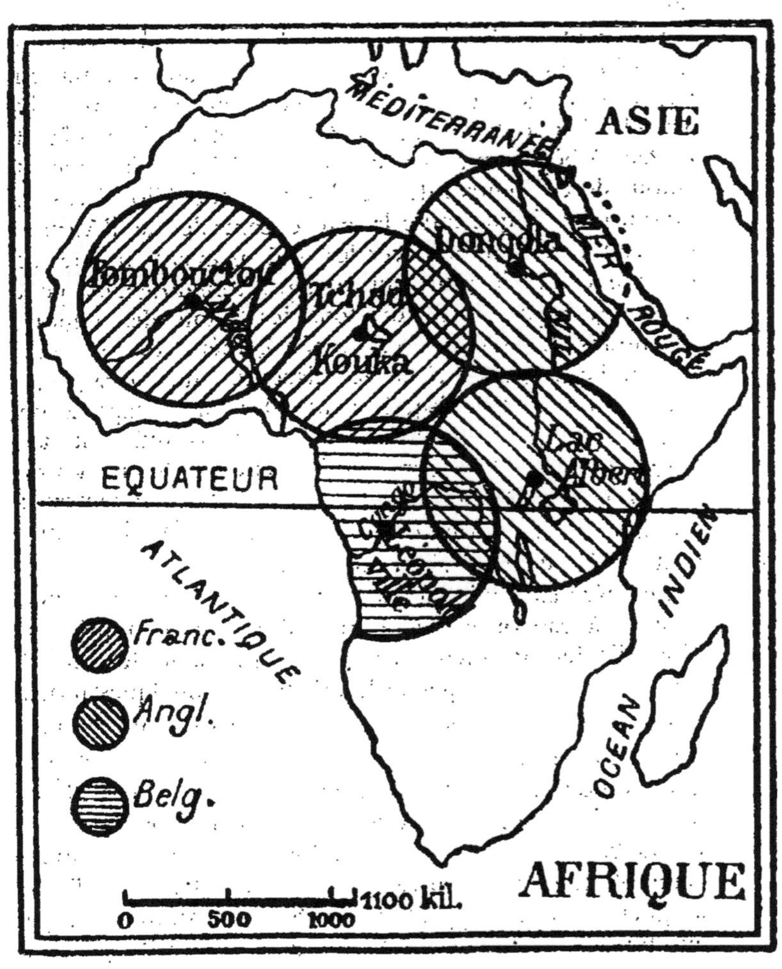

EXPLORATION DE L'AFRIQUE CENTRALE EN DIRIGEABLE

au continent africain, cette méthode d'exploration si rapide, si simple et si sûre.

Les centres choisis sont accessibles : deux sont en territoire français et deux en territoire anglais, un en territoire belge, ce sont : Tombouctou, les bords du Tchad ; Léopoldville pour le Congo belge ; Dongola et le lac Albert pour les stations anglaises. En traçant autour de ces centres des cercles de 1.100 kilomètres de rayon, on voit que toute la partie centrale de l'Afrique est couverte par ces cercles qui peuvent même se « recouper ». L'explorateur voyageant en dirigeable peut donc actuellement atteindre tous les points des régions inconnues. L'existence et l'aménagement des stations aérostatiques peut même le dispenser du voyage de retour immédiat, puisqu'il peut aller faire étape à un centre différent de celui d'où il est parti, ce qui peut être précieux en cas de bourrasque inattendue. Je me borne à cette indication, au point de vue de l'Afrique centrale : en ajoutant un sixième centre à Dakar, la Mauritanie tout entière deviendrait « explorable ».

Les aéronats qui effectueront ces voyages se borneront-ils à rapporter des « itinéraires photographiés ? » Non, ils feront mieux, grâce à la méthode du colonel Laussedat dont je rappelle le principe en quelques mots.

En 1852, le colonel (alors capitaine de génie) Laussedat, frappé des avantages que pouvait offrir la photographie pour la construction des cartes, imagina d'effectuer des levés topographiques en utilisant l'invention de Daguerre ; à cet effet on emploie non pas une, mais deux photographies, prises aux deux extrémités d'une longueur connue appelée base. Si l'on connaît l'angle que font les lignes de visée des deux appareils qui, des deux extrémités de cette base, ont leurs axes optiques dirigés vers le même point, on a un triangle, dont les deux photographies prises simultanément permettent de reconstituer les éléments réels. C'est, en somme, le levé topographique « à la planchette », avec cette différence qu'au lieu de faire le travail graphique sur le terrain, on « emporte le terrain chez soi » et on fait le travail sur son bureau.

Cette belle méthode est même susceptible d'une simplification : il suffit d'installer, aux deux extrémités d'une « base » de longueur parfaitement connue, deux chambres photographiques dont les objectifs aient leurs axes exactement parallèles, et de déclancher leurs obturateurs au même instant précis, ce qui est possible très simplement avec une pile et deux électro-aimants. De ces deux photographies on peut déduire la carte du pays jusqu'aux limites de l'horizon visible, à l'aide d'un remarquable instrument, le *stéréocomparateur* du Dr Pulfrich, réalisé par le célèbre constructeur Zeiss et dont un exemplaire existe au musée du conservatoire des Arts et Métiers. Un géodésien allemand de la plus haute valeur, le professeur O. Hecker, de l'institut géodésique de Potsdam, a montré tout le parti qu'on peut tirer de cette méthode.

Or, cet emploi simultané de deux chambres parallèles aux bouts d'une base de longueur connue, est essentiellement réalisable à bord d'un dirigeable du type *Bayard-Clément*, par exemple. La nacelle, rigide et indéformable, et dont la longueur est de 28 mètres, sera la *base* rêvée ; les deux chambres seront installées en permanence à ses deux extrémités : leur distance est donc à la fois rigoureusement connue et invariable. Les documents photographiques nécessaires à la reconstitution de la carte à l'aide du stéréocomparateur seront, dès lors, parfaitement précis, et de cette façon, ce n'est plus simplement l'*itinéraire obtenu* par la photographie du terrain sous-jacent que rapporteront les aéronautes ; ce sont les éléments d'une « carte géographique » jusqu'à la limite de l'horizon visible, carte rigoureusement « cotée » tant pour la hauteur que pour la direction et pour la planimétrie. Ainsi quelques journées d'expéditions aériennes faites dans l'intérieur d'un des cercles dont nous avons parlé plus haut suffirent à fournir la carte entière de la région y comprise.

Mais, pour que cette tentative puisse être utilement faite, il faudra le concours de plusieurs nations : la carte de la figure ci-contre montre que, pour l'Afrique centrale, celui de la France, de l'Angleterre et de la Belgique suffirait. Les frais d'expédition de ce genre seront infiniment moindres que ceux qu'occasionneraient des expéditions à terre rapportant les mêmes résultats ; le temps employé sera peut-être cent fois moindre, la précision sera supérieure, et les dangers extrêmement diminués.

Quant à l'exploration des parties avoisinant nos possessions du nord de l'Afrique, les points ne manquent pas où l'on pourrait établir des stations de dirigeables.

Cette méthode de travail, évidemment, ne s'applique pas seulement à l'Afrique : tout le « Matto » de l'Amérique du Sud, tout l'intérieur de l'Australie, bien des régions de l'Asie pourront, ainsi, être explorées avec fruit, grâce au concours des gouvernements intéressés, et l'on aura ainsi fait la « carte photographique de la Terre », ce qui est bien le moins qu'on puisse faire, puisqu'on a réalisé avec soin la carte photographique du ciel.

Quant aux régions polaires Nord et Sud, ce sera sans doute de cette manière et de cette manière seulement qu'on en pourra avoir la géographie complète et rapide. On sait avec quelle lenteur se font les explorations dès que l'on cesse de pouvoir user du navire, c'est-à-dire dès que l'on explore une terre. Ce n'est qu'à force d'héroïsme que les voyageurs polaires font leurs périlleuses découvertes. Ce sera donc en dirigeable qu'il faudra étudier les régions glaciales, non pas seulement pour la vaine curiosité « d'aller au pôle », mais pour connaître scientifiquement la géographie des calottes axiales de notre globe terrestre. Il y a cinq ans seulement, rêver cela eût été folie ; mais depuis les exploits des aréonats *Patrie*, *Bayard-Clément*, *Zeppelin*, c'est une chose réalisable. La distance du Spitzberg, point où l'on peut avoir une « station », au Pôle nord, n'est que de 1300 kilomètres (720 milles marin). Elle est donc dans la limite d'action possible des dirigeables actuels, quand ils auront reçu leurs perfectionnements pratiques. De même, pour l'exploration complète du Groënland, une station à Uperniwick suffirait à la solution du problème ; pour l'archipel arctique Nord-Américain, une station sur la baie d'Hudson permettrait l'exploration aérienne de sa presque totalité.

Remarquons que, dans les régions polaires, au voisinage du soltice d'été, le jour est permanent : le ballon ne subirait donc pas de variation de force ascensionnelle et n'aurait pas besoin de faire d'escale, la photographie étant possible pendant toute la durée du voyage. Les conditions de sécurité du voyage, dans ces déserts de glace dépourvus de toutes ressources, exigeraient seulement l'emploi de plusieurs aéronats, se suivant à quelque distance et susceptibles de se prêter mutuellement assistance en cas de besoin. Quant à l'« Antarctide », son exploration serait plus difficile, à cause de l'étendue de sa surface et surtout de l'éloignement de ses côtes par rapport aux lieux habités. Il faudrait établir des stations spéciales et des « raids » que devraient accomplir les aéronats dépasseraient 2000 ou 2500 kilomètres pour aller, autant pour revenir. Ce sera donc, sans doute, la dernière partie du globe terrestre que l'on pourra bien connaître.

Quoi qu'il en soit, l'exploration aérienne des continents inconnus est actuellement possible à l'aide des dirigeables. Je ne pense pas que les aéroplanes s'y prêtent, tant qu'ils ne seront pas munis d'hélices sustentatrices leur permettant de se tenir dans l'atmosphère, et, sous leur forme actuelle, l'impossibilité où ils sont de « stopper » leur interdit la pratique de la *photo-topographie*. Mais ils seront des auxiliaires précieux en ce sens que, par de rapides reconnaissances, faites à d'énormes vitesses, ils signaleront les points les plus intéressants dont il sera utile d'avoir d'abord la carte détaillée, et sur lesquels, d'après leur indication, se rendront les dirigeables.

Une autre application des dirigeables et des aéroplanes, une fois que leur emploi sera devenu courant, sera l'obligation où l'on se trouvera d'étudier avec soin les lois de la circulation atmosphérique dans les régions supérieures et moyennes.

Alphonse BERGET.

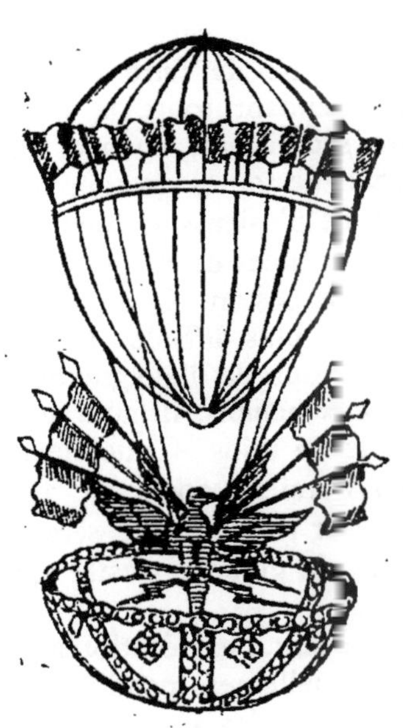

Le revers de la médaille

* * *

Reste à savoir, après ces triomphes, ce que deviendra la vie maintenant ?

Plus d'inconnu, plus de solitude, plus de refuge ; nous vivrons sous la continuelle menace d'une surprise ; l'indiscret va et vient des passants et plus encore des amis sera sans cesse suspendu au dessus de nos têtes comme une épée de Damoclès ; on n'aura même plus la ressource de lever les yeux au ciel pour se reposer des platitudes de la terre. Il faudra vivre les yeux fermés, dans la chambre noire du photographe, pour pouvoir travailler, penser. — C'est le revers de la médaille.

Un nouvel exploit de Latham

* * * *

L'aviateur Latham a donné le 23 novembre une démonstration éclatante des applications pratiques que comporte l'aéroplane.

Le marquis de Polignac avait invité ce jour-là à chasser chez lui, à Berru, près de Reims, quelques membres du comité d'aviation de la Champagne, et quelques amis, dont H. Latham.

Celui-ci vint au rendez-vous en aéroplane. Les invités venaient à peine de se mettre à table, lorsqu'on leur signala l'apparition du gigantesque oiseau mécanique à l'horizon. Après quelques circuits en vue du village de Berru, le hardi aviateur atterrit exactement à l'endroit choisi par lui la veille, et descendit de son appareil le fusil à la main.

C'est la première fois que l'aéroplane aura servi à un but aussi pratique, et cet exploit aura sans doute le plus grand retentissement. Le temps mis par Latham pour parcourir la distance de 30 kilomètres qui sépare son hangar du camp de Châlons du village de Berru, est d'une demi-heure. L'aviateur a eu à lutter contre un fort vent debout.

Voici quelques détails complémentaires sur cette intéressante innovation :

La distance de Bouy à Berru est d'environ 30 kilomètres. A l'aller, Latham mit trente minutes pour franchir cette distance, qu'il accomplit au retour en 25 minutes.

Il prit ensuite à 6 h. 30 le rapide de Paris.

Au reçu de ces nouvelles, le *Matin* envoya un de ses rédacteurs à Berru chez M. de Polignac, dont voici le récit :

Depuis la semaine d'aviation de Reims des relations amicales s'étaient établies entre Latham et moi, d'autant plus étroites que j'avais retrouvé en lui un camarade de collège. Je savais qu'il

n'était pas seulement l'intrépide aviateur que tout le monde connaît, mais qu'il était encore un chasseur émérite. Aussi l'avais-je prié de me faire le grand plaisir de prendre part, pendant qu'il était au camp de Châlons, à l'une de nos chasses.

Ce matin nous étions donc, quelques amis et moi, réunis à déjeuner au rendez-vous de Berru, petit village situé à neuf kilomètres environ de Reims, lorsque le fils du garde-chasse vint nous avertir, non sans témoigner un certain effarement, qu'il croyait bien apercevoir à l'horizon un aéroplane se dirigeant à toute vitesse sur Berru.

Devinant immédiatement que ce ne pouvait être que Latham qui se rendait d'une façon si originale à mon invitation, — car il m'avait déjà fait part de ses projets — je me levai en toute hâte et me rendis avec mes amis à la sortie du village.

A cet endroit se trouve une vaste plaine très inclinée et semble-t-il peu favorable, en l'état actuel de l'aviation, à un atterrissage.

A peine avions-nous fait quelques pas dans la direction indiquée que nous apercevions, à un kilomètre environ, un aéroplane venant vers nous à toute allure. Il devait être à ce moment-là à une hauteur d'au moins cinquante mètres.

— C'est certainement Latham! s'écria quelqu'un, car c'est un aéroplane *Antoinette*.

Cependant le grand oiseau décrivait au-dessus de la plaine un cercle immense, et lentement, en glissant presque sur le sol, vint atterrir à nos pieds.

Les habitants de Berru s'étaient massés autour de nous et des hourras frénétiques accueillirent l'aviateur. Celui-ci avec son calme habituel alluma sa cigarette et nous passa son fusil et ses cartouches.

Après déjeuner ce fut la chasse. Cet extraordinaire voyage n'avait certainement troublé Latham en aucune façon, car il se montra tout l'après-midi un tireur exceptionnel.

Vers quatre heures il prenait congé de nous, emportant avec lui sa bourriche de gibier, et repartait en aéroplane dans la direction du camp de Châlons où il atterrit vingt-cinq minutes après.

Ce qui fait le grand intérêt de cette prouesse de Latham c'est que pour la première fois l'aviation aura servi à des fins nettement utilitaires. Après un tel exploit il n'est pas trop hardi de prévoir que dans un temps rapproché l'aéroplane sera le moyen de transport le plus rapide et le plus pratique.

Marquis de POLIGNAC.

Les progrès de l'Allemagne

Le Zeppelin à Berlin

Tandis que s'achevait la semaine de Reims, après celles de Douai. de Brescia, etc., le *Zeppelin-III* faisait, le 29 Août, à Berlin, sa première apparition. Ce fut une grande journée nationale ; on chanta « *l'Allemagne au dessus de tout* » ; pour nous ce fut une belle journée, plus belle encore, car elle ne met personne au dessus des autres ; elle place la science seule au dessus de nos vanités.

Voici un résumé de ce très intéressant voyage et de l'arrivée à Berlin :

Berlin, 28 Août.

Le *Zeppelin-III*, qui a quitté Nuremberg ce matin à deux heures, a passé à Pottenstein à cinq heures. Il est ensuite arrivé à Bayreuth, marchant à une vitesse modérée par suite du vent contraire. A Bayreuth, l'ingénieur Dürr a lancé une dépêche disant que le voyage s'accomplissait dans des conditions satisfaisantes. A neuf heures, le ballon était à Münchberg, petite ville franconienne sur la Saale; à dix heures et demie, il est à Hof, et à onze heures et demie à Plauen, ville importante du sud de la Saxe.

On attend l'arrivée à Bittersfeld pour deux heures. Les aérostiers militaires sont prêts à recevoir le ballon depuis midi. Le kronprinz s'est rendu à Bitterfeld en automobile.

Berlin, 28 Août, 3 heures.

Une dépêche parvenue au *Berliner Tageblatt* annonce que le *Zeppelin-III* n'arrivera probablement pas aujourd'hui à Berlin.

Berlin, 29 Août.

La nouvelle de l'insuccès du *Zeppelin-III*, dans sa marche de Nuremberg sur Berlin a causé une profonde déception à la population berlinoise. A lire le programme fixé par la police et le général commandant les troupes de la garde, on s'était accoutumé ici à croire que rien ne pouvait entraver la course du *Zeppelin* et qu'il arriverait à Berlin avec la ponctualité d'un express qui aurait accompli un très long parcours. On comprend dès lors la consternation de la foule massée sur les champs de manœuvres de Tegel et de Tempelhof, lorsqu'elle apprit qu'un nouvel accident retarderait l'entrée du *Zeppelin* à Berlin et qu'il n'y avait qu'à rentrer chez soi pour se reposer des fatigues d'une attente de plusieurs heures en plein soleil. L'exode de la foule s'effectua lentement sans incidents et le Berlinois reprit sa bonne humeur accoutumée, exerçant sa verve sur le peu de ponctualité du comte Zeppelin, qui n'a pas encore réussi à accomplir une traversée sans anicroches ou critiquant en connaisseur le système de moteurs Daimler. Certains curieux se croyant joués comme à la Pentecôte affirmaient péremptoirement que le dirigeable *Zeppelin-III* était absolument inutilisable.

Le *Zeppelin-III* cependant continuait sa marche en avant avec une ténacité qui fait honneur au pilote du dirigeable, l'ingénieur Dürr. A partir de Plauen, dans le sud du royaume de Saxe, le ballon avait eu à lutter contre un vent violent retardant sa marche et l'empêchant d'avancer à une vitesse de plus de 20 kilomètres à l'heure. C'est en louvoyant de tous côtés pour chercher des courants plus favorables que l'aéronat traversa Werdau et Crimitzschau se dirigeant sur Altenbourg et Leipzig. Dans les environs de Schmoelin près de Crimitzschau le dirigeable stoppa brusquement. Un nouvel accident allait contribuer encore à retarder sa marche.

Reinickendorf, 29 Août, 11 h. 18.

Le *Zeppelin-III* croise en ce moment au-dessus de Berlin. A Tegel (six kilomètres de Berlin), où je me trouve en ce moment, on attend incessamment l'arrivée de l'empereur.

Berlin, 29 Août.

A midi et demi, exactement, le *Zeppelin-III* est arrivé sur le champ de manœuvres de Tempelhof. Il s'est incliné plusieurs fois pour saluer l'empereur, puis s'est dirigé, en décrivant une vaste courbe, vers Kreuzberg, au milieu des sonneries de cloches dans toutes les églises et des acclamations enthousiastes de centaines de milliers de spectateurs, qui se tenaient, soit sur le champ de Tempelhof, soit dans les rues et avenues, soit même sur les toits des maisons. Il est ensuite revenu vers la tribune impériale et a exécuté différentes manœuvres et évolutions.

Le *Zeppelin-III*, après avoir croisé environ trois heures au-dessus de Berlin, a atterri à deux heures à Tégel. La marche du *Zeppelin-III*, lente, mais sûre, ne paraît pas avoir souffert d'incidents. Le dirigeable a fait route de Bitterfeld à Berlin avec une seule hélice. Le comte Zeppelin a été reçu par l'empereur et la famille impériale. La cérémonie a été simple et imposante.

Aprés s'être fait expliquer le mécanisme de l'ancrage, l'empereur est reparti.

Le *Zeppelin-III* a accompli le voyage de Friedrichshafen à Berlin en trois étapes.

Friedrichshafen-Nuremberg : 230 kilomètres.

Nuremberg-Bitterfeld : 240 kilomètres.

Bitterfeld-Berlin : 120 kilomètres.

Berlin, 30 Août.

La journée d'hier a été aux yeux des Berlinois, qui avaient critiqué la veille le peu de ponctualité du *Zeppelin-III*, une véritable réhabilitation. L'atterrissage a été en tous points merveilleux. Après avoir manœuvré pendant trois heures au-dessus de Berlin et après avoir apparu trois fois à l'horizon du champ de manœuvres de Tegel. le *Zeppelin* sur le coup de deux heures s'est préparé à atterrir. L'étendard impérial avait été hissé, prévenant les aérostiers de l'arrivée du *Zeppelin*. Le dirigeable, décrivant une élégante courbe à l'orée du bois qui limite le champ de tir, se dirigea vers la place d'atterrissage, marquée par un cordon de soldats; la pointe de devant se baissa, s'inclina ; un coup de cloche retentit, c'était le signal indiqué aux mécaniciens d'arrêter les moteurs. Le grand navire aérien descendit lentement et majestueusement; un des pilotes traversa le pont réunissant la nacelle au couloir qui va d'un bout à l'autre du dirigeable et jeta un paquet de cordages; les soldats saisirent les amarres et firent avancer le *Zeppelin* jusqu'à l'endroit préparé pour l'ancrage. La musique militaire entonna *l'Allemagne, l'Allemagne au-dessus de tout*, et l'empereur s'approcha de la nacelle, où le comte Zeppelin était descendu; des poignées de mains cordiales furent échangées et après un discours de bienvenue de M. Beicke, bourgmestre, l'empereur Guillaume II fit le tour du dirigeable. Il emmena ensuite le comte Zeppelin dans son automobile. La cérémonie était terminée ; elle avait été simple et imposante.

L'aviateur Orville Wrigt, qui assistait à l'atterrissage, fut présenté à Guillaume II et s'entretint assez longuement avec lui.

Le comte Zeppelin prit part au déjeuner de la famille impériale en simple jaquette, tel qu'il était en descendant du ballon.

Etaient également invités : M. Colsman, directeur de service, et les ingénieurs Dürr et Cober.

L'empereur a bu à la santé de chacun d'eux au cours du repas.

Après le déjeuner, l'empereur s'est montré à plusieurs reprises à la foule, avec le comte Zeppelin, aux fenêtres du château. Leur apparition provoqua chaque fois des acclamations enthousiastes et la foule entonnait des chants patriotiques.

Pour donner une idée de l'enthousiasme que les expériences d'aérostation ont provoqué en Allemagne, voici l'affiche qui avait été placardée sur les murs de Charlottenbourg :

« ZEPPELIN-III

« Le comte Zeppelin, avec l'aérostat *Zeppelin-III*,
« doit au cours de son voyage vers la capitale, samedi
« 28 de ce mois, passer par-dessus Charlottenbourg.
« Pour cette raison, nous prions nos concitoyens de bien
« vouloir pavoiser de drapeaux leurs maisons.

« Charlottenbourg, 27 Août 1909.

« Signé : SCHUSTEHRUS, Oberbürgermeister. »

L'empereur avait de son côté donné l'ordre à l'institut géographique militaire de venir prendre des vues cinématographiques de l'atterrissage comme document historique.

Le comte Zeppelin est reparti hier soir, à 9 h. 45, de la gare d'Anhalt, dans le wagon-salon impérial, au milieu des manifestations enthousiastes de la foule.

Berlin, 30 Août.

Le ballon *Zeppelin-III*, repartit hier soir à 11 h. 24 dans la direction du sud-ouest, effectuant son retour à Friedrischafen, a atterri ce matin sur une lande, à Bulzig, près de Wittenberg, à cause de détoriations aux appareils.

Par suite de la rupture du deuxième propulseur d'avant, un fragment du propulseur a crevé l'enveloppe et le gaz s'est échappé. Bien que le ballon pût se maintenir en l'air en jetant du lest, on a préféré interrompre le voyage.

L'ingénieur Dürr a demandé télégraphiquement l'envoi à Bulzig de quelques hommes avec le matériel nécessaire.

Les réparations vont demander environ deux jours.

L'exploit de Blériot jugé en Allemagne (1)

卐 卍 卍

Le 25 juillet 1909 est une date qu'on fera apprendre à tous les écoliers des temps futurs comme l'une des plus mémorables de toute l'histoire de la civilisation. En ce jour, en effet, s'est réalisé pour la première fois le rêve de tant de milliers d'années, rêve que le fameux Icare de la légende a payé de sa vie : l'homme sait réellement voler ! Ce qui jusqu'à présent, même après les essais des frères Wright, était resté quelque chose comme un sport, ou même un jeu, est, depuis le mémorable matin d'été où Blériot accomplit son exploit, devenu une réalité sérieuse et pleine de promesse pour l'avenir.

Le fossé naturel qui sépare deux des plus importants pays de la terre et que par un temps défavorable les gros vapeurs eux-mêmes ont de la peine à traverser, ce fossé-là qu'un seul nageur a pu franchir jusqu'ici par ses propres

(1) On constate trop souvent en Allemagne une tendance générale à ne considérer les progrès de la locomotion aérienne que comme un succès national et militaire ; cette faiblesse n'est pas sans provoquer des protestations, même dans les journaux allemands ; en voici une nouvelle preuve que nous sommes heureux d'enregistrer ; nous empruntons à l'excellente et vaillante « *EUROPE NOUVELLE* » cet article traduit du *Berliner Zeitung am Mittag*, n° du 26 juillet 1909.

moyens, un homme seul, sans le secours de personne, l'a franchi en quelques minutes, — par un procédé réservé jusqu'ici aux mouettes et aux hirondelles de mer. L'individu, soutenu par une machine facilement transportable, triomphe. Jusqu'ici, l'âme seule avait des ailes, aujourd'hui elles ont poussé aussi au corps.

Ce succès a un tout autre sens que les magnifiques prouesses de Zeppelin. Notre compatriote qui, dit-on, est sur le point d'être dépassé dans sa partie par Siemens, est devenu le maître des airs au profit d'une pluralité d'hommes, mais son système réclame un appareil cher, compliqué et difficilement transportable sur terre. Blériot a, à lui tout seul, vaincu l'élément le plus difficile à dompter, avec un appareil relativement simple, sans gaz, dont le prix de fabrication, si l'on ne tient pas compte des frais de patente, n'est pas trop élevé et sera peut-être un jour à la portée de toutes les bourses. Il importe peu qu'il faille encore aujourd'hui aux aviateurs, comme c'est le cas aussi pour Zeppelin, un temps particulièrement favorable. La technique construira des moteurs plus forts, elle rendra les surfaces du monoplan plus résistantes. Le point capital, c'est que le principe même du vol humain est trouvé. Notez bien qu'aujourd'hui encore, une forte tempête peut rendre momentanément impossible le passage de la Manche aux transports de type courant.

Ne nous demandons pas, à cette heure mémorable, quelles craintes la victoire de Blériot peut éveiller dans l'âme anglaise, — mais seulement quels espoirs l'individu et l'humanité peuvent attacher à cet exploit. Certes, on essayera bientôt de faire servir cette nouvelle invention à la guerre.

Il faudra peut-être même changer la formule du serment au drapeau qui prescrit au soldat l'obéissance absolue « sur terre et sur mer ». Car le jour où la machine sera assez sûre pour que tout individu soit à même, pourvu qu'il ait le degré d'instruction nécessaire, de parcourir de grandes distances dans les airs, alors ce sera l'affaire des chefs de décider le départ, quand les conditions atmosphériques leur paraîtront favorables et le service d'aviateur militaire perdra son caractère de spontanéité.

Somme toute, pourtant, les avantages qu'on tirera de la découverte nouvelle au point de vue militaire sont passagers ; durables en revanche ceux qu'en tirera la civilisation. Une fois que les relations d'individus à individus ne se feront plus exclusivement à l'aide des routes terrestres et au moyen d'un petit nombre de ports, alors — mettons dans quelque dix ou quelque cent ans — les forteresses, les douanes et autres vestiges du particularisme moyenâgeux ne seront plus que des jeux d'enfants hors d'usage, qu'on pourra facilement éviter à travers les airs. Les souverains dont les palais ne pourront être défendus du côté de l'air se verront spontanément forcés de nouer des relations plus intimes avec leurs peuples, car les chevaux et les cavaliers protégeront moins que jamais les hauteurs escarpées où ils résident.

En France on fête aujourd'hui Blériot comme un demi-dieu. Sa nomination immédiate dans la Légion d'honneur est le moindre des honneurs qu'on lui a décernés. Abstenons-nous de discuter qui a fait plus pour l'humanité, de lui ou de notre Zeppelin, son égal dans la gloire. Associons-nous sans envie à l'enthousiasme sans bornes et justifié des Français qui ont une fois encore confirmé la vieille gloire qui leur appartient, d'être un des peuples qui marchent en tête de la culture humaine. Reconnaissons de nouveau que deux nations qui, indépendamment l'une de l'autre, et en progressant de la même allure, ont fait accomplir à la civilisation un pas de cette importance, devraient en bonne justice s'aimer réciproquement et que l'humanité devrait être fière d'avoir produit deux peuples pareils, et aussi, selon le mot de Gœthe, deux « gaillards » de cette taille.

Soyons donc fiers de notre temps qui a vu naître ce magnifique élan du sport et de la machine, dont le développement trop lent avait empêché jusqu'ici la conquête de l'air. Le sport a prouvé pour la première fois qu'il n'était plus simplement un amusement ou un stimulant destiné à renouveler l'énergie usée de l'individu, mais bien un facteur rayonnant de cet essor glorieux de l'humanité vers les étoiles. Et personne n'osera à l'avenir traiter d'instrument sans âme et sans intelligence cette machine dont les explosions et le ronflement viennent interrompre les savantes spéculations du chercheur au fond de sa cellule silencieuse. Il fallait une imagination d'une audace égale à celle des plus grands poètes pour inventer l'aéroplane de Blériot et l'homme qui s'en servira à l'avenir pour s'élever dans les airs bien au-dessus des misères de la vie quotidienne sentira passer sur son front le souffle puissant de ce vent d'affranchissement et d'enthousiasme que Pétrarque connut le premier, mais plus faiblement, lorsqu'il eut escaladé le sommet du mont Ventoux.

C. A. S.

Les Aéroplanes en Allemagne

卍 卍 卐 卐

Un Aviateur Allemand

BERLIN, 14 novembre. — L'aviation allemande enregistre aujourd'hui son premier grand succès. L'aviateur Grade a fait, à Brême, avec son monoplan, deux vols dont l'un de cinquante-quatre minutes trente secondes, s'élevant à une hauteur de cent mètres.

⁂

Nouveaux aéroplanes

Après Grade, un autre aviateur, Coler, lieutenant d'infanterie à Muelheim, près de Cologne, a réussi un vol de quatre minutes au-dessus du champ de manœuvres de Muelheim. L'appareil a quelque peu souffert en atterrissant.

Aéroplane Baumann. — L'ingénieur Baumann, de l'Institut impérial de physique à Berlin, s'occupe de la construction d'un biplan de 10 mètres d'envergure.

Aéroplane Faerber (Hambourg). — En essai depuis quelques jours, c'est un monoplan de 32 mètres carrés. L'emploi de matériaux spéciaux a permis d'en abaisser le poids à moins de 250 kilogrammes y compris un moteur de 20 H P et le pilote. L'hélice a donné, à 1.500 tours, 120 kilogrammes de traction au point fixé.

(*Revue Aérienne* du [illegible]0 décembre 1909).

Les Dirigeables Allemands

Comment la France perd le bénéfice de ses inventions

卍 卍 卍

Tous les avantages naturels, tous les dons, tous les privilèges, la France en a été comblée ; son sort rappelle celui de la belle Princesse dont le berceau réunissait la plupart des fées, le jour de sa naissance ; chacune d'elle apportait un charme, une vertu, un bien ; mais la méchante fée qu'on n'avait pas invitée survenait à son tour et gâtait tout.

Une méchante fée voyant la France si bien pourvue a dû survenir et parler ainsi : « Tu seras favorisée de tous les bienfaits mais tu ne sauras pas t'en servir ».

La plupart de nos grandes initiatives nationales ont été plus appréciées à l'étranger qu'en France même. Nous les traitons si mal, avec tant de défiance pour les œuvres et de malveillance pour les hommes, avec tant de routine, de jalousie et d'avarice que nous les forçons à émigrer.

Sans remonter trop loin, sans rappeler le sort de Dupleix et de Ferdinand de Lesseps, mentionnons seulement, pour notre confusion, la disgrâce dont furent frappés les marins et les ingénieurs qui se consacrèrent à cette merveille : la navigation sous-marine. Leur invention était le salut, mais un danger pour la routine ; elle fut combattue comme un fléau ; l'amiral Aube fut excommunié et ses disciples disqualifiés.

La navigation aérienne aura-t-elle administrativement le même sort ? Il est grand temps de poser la question ; peut-être est-il déjà trop tard ? L'Allemagne nous dépasse ; il peut en être ainsi de l'Italie, à bref délai, et d'autres pays encore.

L'aviation triomphante de l'air sera-t-elle vaincue elle aussi par la routine ? Voyons les faits.

Nous avons toujours protesté contre la tendance trop répandue en France et qui consistait à se moquer du Zeppelin et des Dirigeables allemands ; aussi bien que nous avons protesté contre la tendance des allemands à ignorer l'existence des succès français ; ces concours internationaux d'ignorance nous ont toujours inspiré le plus profond mépris. La France et l'Allemagne ont mieux à faire, pour la civilisation, que de se dénigrer mutuellement ; elles ont, l'une et l'autre, tout à gagner à se bien connaître.

C'est pourquoi nous avons convoqué, au Groupe de l'Aviation du Sénat, dès son retour des manœuvres de Dirigeables en Allemagne, l'aéronaute français, Louis Capazza. Ses émouvantes communications ont été attentivement écoutées, discutées par les Membres les plus autorisés de la Haute Assemblée ; il a bien voulu, sur notre demande, les résumer par écrit dans une lettre que le *Temps* a publiée avec les réflexions qu'elle comportait. (28 Novembre). Voici cette communication, nous y joignons un article de notre ardent collègue, M. le Sénateur Charles Humbert, écrit, dans le *Journal*, avec la vivacité nécessaire pour éveiller les protestations et les révoltes de l'opinion. Ces publications sont le prélude indispensable de l'agitation sans laquelle les précurseurs de la locomotion aérienne seraient condamnés d'avance à l'abandon, à l'hostilité ou tout au moins à l'indifférence des pouvoirs publics. On les glorifiera dans des discours ; on décorera leurs cercueils ;

on élevera des monuments à leur mémoire ; mais à la condition qu'ils soient morts ; s'ils ont l'imprudence de rester vivants, on leur refusera l'argent, l'appui, l'avancement, les facilités que les Gouvernements étrangers prodiguent à leurs émules ; et, quand on les aura réduits à l'impuissance, on s'étonnera de voir la France dépassée par ses voisines. La méchante Fée, la Sainte Routine, aura triomphé.

Voici l'article du *Temps* du 28 Novembre :

Les Dirigeables Allemands

* * *

Le retentissement qu'ont eu dans l'Europe entière les exploits des dirigeables allemands au cours des manœuvres récentes de Cologne, leur stabilité, leur endurance n'ont pas été sans soulever quelque inquiétude en France sur l'état de la navigation aérienne de l'un et de l'autre côté du Rhin. La France, dont le premier rang semblait incontesté il y a quelques mois à peine, a-t-elle, malgré de récentes et douloureuses catastrophes, conservé sa place en face de l'Allemagne, ou celle-ci l'a-t-elle aujourd'hui distancée ? Sur ce point intéressant, nous recevons de l'aéronaute Capazza, qui assista aux grandes manœuvres allemandes, la lettre suivante :

Paris, 27 Novembre 1909.

Monsieur le Directeur,

Je viens d'assister, avec des milliers d'autres spectateurs, aux grandes manœuvres de dirigeables où l'Allemagne a révélé la puissance de sa flotte aérienne, la première du monde à l'heure actuelle.

On savait que dans ce pays l'empereur, après avoir voulu une flotte marine, voulait en outre être le maître de l'air.

On connaissait le nombre des unités et leur tonnage, on avait signalé la splendeur des hangars à dirigeable de Metz et de Cologne; mais ce qu'on ignorait, c'est l'organisation qui a présidé à cette éclosion qui étonne tant elle est complète et tant on l'a crue à tort spontanée.

Or j'ai démontré au groupe de l'aviation du Sénat, où j'avais été appelé par son éminent président M. d'Estournelles de Constant, j'ai démontré, avec preuves à l'appui, que rien n'a été improvisé dans ce pays, que tout a été prévu, mûrement étudié.

Ce qu'il y a de plus admirable dans le succès des mouvements d'ensemble des dirigeables de Cologne, ce sont surtout les moyens qui échappent aux spectateurs, c'est l'organisation qui a rendu possible cette exhibition grandiose.

Il y a eu un programme, et il y a eu une volonté nationale de le voir appliquer.

On est parti de rien et aujourd'hui, grâce à cette volonté, l'Allemagne domine le monde au point de vue de la navigation aérienne.

Ce sont les études d'illustres Français, ce sont les dirigeables français réalisés par des Français qui ont servi d'exemple.

On a pris dans les théories françaises surtout ce qu'il y avait à prendre, et en toute liberté d'action, les Allemands ont réalisé trois types qui résument ce qu'on a pu faire jusqu'ici de plus parfait dans leur genre.

On a cru spirituel de se moquer, chez nous, des malheurs du comte Zeppelin, un vieillard qui avait sacrifié sa fortune et employé dix ans de sa vie à la réalisation de son rêve. Ce vieillard est dans son pays une sorte de demi-dieu. La résultat de nos railleries ne se fit pas attendre : toute l'Allemagne s'est levée pour le soutenir et lui a offert, spontanément, en quelques jours, huit à neuf millions de francs.

En même temps le gouvernement laissait construire par ses officiers du génie les dirigeables du système Gross, et de puissants moyens d'action permettaient au major Parseval d'édifier ses navires aériens à hélices flasques. D'autres inventeurs réalisaient, plus modestement, mais sûrement, leurs idées.

Puis des sociétés anonymes, ayant pour souscripteurs *les grandes villes d'Allemagne*, se sont fondées à gros capital pour l'exploitation des divers systèmes. Constatez et comparez.

Pendant ce temps, le gouvernement allemand organisait la victoire de tous ces dirigeables.

Il s'emparait comme d'utilité publique du gaz hydrogène pur, qui n'était jusqu'alors pour les usines de produits chimiques qu'un sous-produit inutilisé.

L'État mettait en dépôt dans ces usines des milliers de bouteilles à hydrogène peintes en gris avec les armes impériales.

Une seule de ces usines, celle de Grisheim, près de Francfort, a en dépôt non seulement 15,000 bouteilles toujours pleines, mais en outre deux trains composés de wagons chargés de bouteilles réunies en série sur un robinet commun. Chaque train possède un wagon de réparation et un tuyau de gonflement de 2,200 mètres de longueur.

Ces trains, ces wagons, en cas de besoin, partent par les voies les plus rapides et les ordres supérieurs sont donnés pour qu'ils puissent être accrochés même au train impérial.

Ce n'est pas tout. Le gouvernement construisait dans le même temps d'immenses hangars, véritables galeries des Machines qui sortaient de terre en six semaines. Ceux de Cologne et de Metz peuvent abriter chacun six *Parseval* de six mille sept cents mètres cubes, c'est-à-dire deux fois plus grands chacun que les nôtres.

Des équipes de manœuvre étaient dressées au fur et à mesure que les dirigeables pouvaient prendre l'air, de telle sorte que les pilotes de ces dirigeables sont toujours sûrs d'atterrir en toute confiance au milieu de soldats expérimentés, d'un dévouement absolu, en présence aussi de populations enthousiasmées.

La belle tenue de ces hommes, leur habileté ne le cèdent en rien à leur bravoure.

Rien de tout cela n'est caché, tout se passe en public.

Aussi bien, à l'heure qu'il est, les pilotes allemands donnent l'impression qu'ils sont les maîtres de l'atmosphère.

Ils osent ce que nous n'avons jamais osé tenter.

Ceci s'explique par cela. Ils sont encouragés et soutenus.

Ils partent en rasant le sol, la nuit, par le brouillard, par la pluie, pour des voyages de résistance maximum, pour repartir quelques heures après l'atterrissage. Cette assurance, cette hardiesse admirable, cette endurance, même sont le résultat de toute l'organisation allemande qui permet de les secourir en quelque endroit du territoire qu'ils puissent être forcés d'atterrir.

Je dois ajouter que toutes les fois qu'une manifestation purement commerciale se fait en Allemagne, ou toutes les fois que l'Allemagne a intérêt à montrer sa suprématie, les hommes de manœuvre sont largement fournis par l'armée et le gaz hydrogène pur est offert par l'Etat.

Ces dirigeables se gonflent en plein air, sont gréés sans tâtonnement, en équilibre dès que la nacelle est accrochée : ils partent dans les airs sans préparation aucune, au profond étonnement des spécialistes venus, comme moi, de tous les pays du monde.

J'ai senti, en présence de ce triomphe de la prévoyance, de l'ordre et de la liberté scientifique laissée entière à chacun en Allemagne, un irrésistible mouvement qui me poussait à clamer, en même temps que mon admiration d'aéronaute pour tout ce que j'ai vu là-bas, ma tristesse de Français.

Il faut demander, il faut exiger pour la France géniale, qui invente tout, la flotte aérienne indispensable pour la mettre, moralement, scientifiquement et matériellement, à la hauteur de n'importe quel pays.

Il le faut sans retard, sous peine de succomber sous le ridicule, en attendant peut-être une défaite plus sanglante.

Je serais injuste si je ne profitais de la publicité que veut bien donner à ma parole le *Temps* pour dire le reconfort et l'espoir que j'ai trouvés au Sénat, dans tous les partis, auprès des hommes les plus autorisés. Cela est d'un heureux augure.

Une émulation salutaire naît en France; en exigeant la création d'une flotte aérienne, le pays a la conviction de servir la patrie, la science et l'humanité.

L. CAPAZZA.

Nous avons soumis cette lettre à M. d'Estournelles de Constant, président du groupe sénatorial de l'aviation. Il nous a fait les déclarations suivantes :

— La lettre du vaillant aéronaute français Capazza est bien conforme aux deux émouvantes communications qu'il nous a faites et que nous avons discutées avec

M. Painlevé et un grand nombre de nos collègues du Sénat. Nous avons résolu d'intervenir sans retard, dans le sens de ses conclusions, auprès du gouvernement.

Il est inutile en effet de nous disimuler la vérité. Nous sommes distancés; nous n'avons pas su tirer parti des plus admirables initiatives individuelles; c'est l'étranger qui applique nos idées. Méthodiquement, avec ensemble, l'Allemagne s'est constitué une flotte aérienne, tandis que nous avons négligé les sacrifices et surtout l'organisation indispensables; elle possède dix dirigeables militaires de gros tonnage, quinze dirigeables particuliers; elle est outillée pour en construire rapidement bien davantage. Nous, au contraire, nous n'en avons pas un seul disponible.

En supposant d'ailleurs que, par miracle, grâce à des libéralités particulières que l'Etat se borne à escompter, nous soyons pourvus à notre tour d'une flotte analogue, elle serait inutilisable; nous n'aurions pas où la loger, pas de quoi l'alimenter ni la mobiliser; les hangars, le gaz, les tubes, les wagons, les raccordements, les pilotes, les équipages, tout nous manquerait. Cela ne s'improvise pas.

A la Chambre, au Sénat, partout un mouvement de protestation se prononce, mais notre effort, si grand soit-il, sera déjà tardif. Nous voyons petit; les Allemands voient grand. Dans son excellent rapport sur le budget de la guerre, notre collègue M. Clémentel parle d'un supplément de crédit nécessaire de 500,000 francs. A quoi bon? C'est le prix de la moitié d'un dirigeable allemand.

Rendons-nous compte qu'après nos expériences décisives, et en dehors de notre pauvre établissement de Chalais-Meudon, nous avons laissé faire les autres. Tout reste chez nous à créer, si nous voulons essayer de rejoindre l'Allemagne. Et il en sera pour les aéroplanes exactement comme pour les dirigeables. Le capitaine Humbert rappelait hier que nous avions la primeur de l'exploitation des biplans Wright; l'avons-nous conservée? Là encore, que de choses à dire, que de négligences à déplorer!

Mais pourquoi cette absence d'organisation? Pourquoi? Vous n'entendrez qu'une voix pour vous répondre, parmi tant d'hommes de cœur qui se sont dévoués et ne demandent qu'à se dévouer; voici cette réponse unanime.

En Allemagne, c'est à qui encouragera, aujourd'hui du moins (car Lilienthal fut incompris comme tant d'autres), c'est à qui encouragera la navigation aérienne; tout ce qui pense en Allemagne a compris l'intérêt, l'urgence de s'ouvrir la voie nouvelle, et par conséquent, c'est à qui soutiendra les hommes de bonne volonté qui ne craignent pas de tout sacrifier pour assurer à leur pays le bénéfice d'une gloire et d'une force nouvelles.

En France, en dehors de quelques initiatives privées, les pouvoirs publics se réservent. Il est vrai qu'on a consenti à autoriser les études et avec quels pauvres moyens! Mais on ne se décide que timidement à l'application; on essaye cependant et les premiers résultats dépassent toute attente; mais cela fait, on ne va pas plus loin, on n'ose pas demander les crédits nécessaires; l'aéronautique militaire a le droit de se développer d'elle-même, sans argent, sans appui. Sans appui surtout, et c'est là le pire.

Tout officier qui prétend consacrer sa vie, sa fortune personnelle à la conquête de l'air est un homme perdu; sa carrière est finie, condamnée par les mille forces perfides de la routine. Le colonel Renard est mort à la peine, ruiné, trop heureux d'avoir échappé à l'accusation de ne pas être un bon comptable; le capitaine Ferber est mort en disgrâce; le capitaine Marchal est mort avec la certitude d'être écarté du tableau d'avancement: c'est la règle; nous le savons; seuls des bénisseurs le contesteront; tandis que l'Allemagne prodigue — depuis l'empereur jusqu'au sous-officier — les encouragements matériels aux bons serviteurs de la locomotion aérienne.

Le « ZEPPELIN » à Metz. Novembre 1909)

La sortie du hangar (Cologne Novembre 1909)

D'un côté la bonne volonté isolée, contrariée, menacée, sans ressources ; de l'autre, au contraire, la bonne volonté glorifiée, soutenue, récompensée.

Si dévoués que soient les officiers français, la lutte pour la conquête de l'air n'est pas égale entre eux et les officiers allemands.

* * *

Voici maintenant le réquisitoire du capitaine Humbert. (*Journal* du 25 novembre 1909) :

Il y a environ quatre ans, le *Journal* envoyait en Amérique un de ses collaborateurs, mon excellent ami Fordyce, afin de vérifier la réalité d'une découverte sensationnelle que l'on attribuait aux frères Wright et d'aider à ce que l'invention de ces deux hommes de génie, qui prétendaient accomplir de longs parcours aériens grâce à un appareil plus lourd que l'air, pût être acquise par la France.

Le but de ce voyage, en dépit de l'incertitude qui régnait encore sur la réalité des exploits accomplis par les deux Américains, avait même semblé si important que le Ministre de la Guerre — qui était à ce moment-là M. Etienne — envoyait au même instant une mission, composée d'officiers, et l'autorisait à consigner une somme de 25.000 francs pour engager les deux frères à renouveler devant elle des expériences en vue d'achat.

On sait ce qui se passa. Orville et Wilbur Wright demandaient un million pour céder leur aéroplane à la France, mais ils exigeaient qu'on les laissât procéder aux épreuves préliminaires sans livrer le secret de sa construction. C'était bien leur droit, sans doute, puisqu'ils promettaient de montrer leurs plans, leurs dessins, leurs calculs et l'appareil lui-même en cas de réussite ! Il était assez naturel, en revanche, qu'ils ne voulussent pas livrer leur marchandise si on ne jugeait pas utile, en définitive, de la leur acheter.

Mais une campagne sourde était ouverte, à Paris même, pour empêcher l'affaire d'aboutir. La mission française et l'envoyé du *Journal* durent reprendre le paquebot sans avoir rien conclu; les 25.000 francs furent perdus, et lorsque Wilbur Wright, trois ans plus tard, vint à Auvours procéder aux retentissantes expériences que l'on connaît, lorsqu'une société privée lui acheta le droit d'exploitation de son brevet, il était trop tard pour assurer à notre pays l'exclusivité — au moins en Europe — de la découverte. L'Allemagne s'empressa de traiter avec son frère Orville, et tout le monde pouvait lire, il y a quelques jours, dans les journaux, une note annonçant la prochaine mise en service, dans l'armée allemande, du premier aéroplane militaire.

Voilà donc une question sur laquelle était appelée l'attention du gouvernement français et de la presse bien avant que nos aviateurs : les Farman, les Blériot, les Voisin, les Ferber, les Paulhan, les Rougier, les Delagrange, les Latham, eussent même commencé la série des « vols » admirables dont l'année 1909 a été remplie, et cette question a été résolue sans nous, je puis dire *contre nous*, par une puissance voisine!

A quoi servent l'esprit d'initiative de nos publicistes et même de nos gouvernants, à quoi servent l'habileté et le courage de nos concitoyens les plus intelligents et les plus hardis, — puisque tous leurs efforts aboutissent à nous laisser ridiculement en retard, quand nous devrions posséder une formidable avance!

Mais croyez-vous que ce soit seulement pour les aéroplanes qu'il se produise chez nous d'aussi humiliantes surprises? Rappelez-vous donc ce qui vient de se passer pour les dirigeables!

Il y a plus de vingt ans que Renard et Krebs ont fait

voler de Chalais à Paris et de Paris à Chalais leur ballon *La France*, contre un vent de cinq mètres à la seconde. Leur aérostat a été triomphalement exposé au Champ-de-Mars en 1889, et comme depuis lors on a découvert les moteurs à explosion, nos inventeurs ont pu construire toute une série de navires aériens qui se sont appelés : le *Jaune*, le *Patrie*, le *République*, le *Liberté*, le *Ville-de-Paris*, le *Colonel-Renard*, etc., Combien en avons-nous aujourd'hui en service dans l'armée ? Pas un !

Le *Patrie* s'est envolé sous la rafale; le *Ville-de-Paris* a pourri dans son hangar de Verdun; le *République*, déchiré par une pale de son hélice a fait un épouvantable naufrage, où ont péri les quatre héros qui le montaient. Les autres sont en réfection, en réparation, en « réserve », comme les navires indisponibles de notre flotte de mer.

Et pendant ce temps-là, les Allemands font depuis un mois des expériences combinées, des promenades, des voyages, des manœuvres avec leurs *Zeppelin*, leurs *Gross*, leurs *Parseval*, et leurs ballons ne s'échappent pas, ne crèvent pas, ne font pas naufrage !... Ils en ont dix, bientôt ils en auront douze, ils en auront vingt. Nous qui avons été les initiateurs, les inventeurs, nous en aurons à Pâques, ou à la Trinité.

Pourquoi ? D'où vient, là aussi, notre infériorité? De ce que nous ne savons pas, comme on dit vulgairement, « nous arranger ». C'est avec des étoffes allemandes (mal choisies par surcroît) que nous formons l'enveloppe de nos aérostats. Eux, c'est naturellement avec leurs tissus qu'ils les fabriquent; mais au lieu de les prendre comme nous « en droit-fil » c'est-à-dire tout prêts à se déchirer complètement dès qu'ils sont entamés, ils les choisissent en diagonale... C'est aussi simple que cela ! Pour être demeurés tributaires de l'étranger sur un point où nous ne devrions rien devoir qu'à nous-mêmes, nous n'avons pas de ballons dirigeables, et il en a !

Mais, c'est l'éternelle histoire.

Ce sont nos ingénieurs, à la suite de Dupuy de Lôme, qui, les premiers, adaptent aux vaisseaux une carapace capable de les mettre à l'abri des obus : la France est cependant en retard pour les cuirassés !

Ce sont nos industriels qui construisent les premières voitures automobiles : notre armée est cependant la moins bien pourvue de camions sans chevaux pour le service de ses transports !

Nous avons eu les premiers sous-marins mais nous les dédaignons maintenant, et tout le monde en a.

Nous inventons la mélinite, la poudre sans fumée, nous ne savons rien garder pour nous, et nous nous laissons même distancer.

En revanche, quand l'étranger découvre un engin nouveau, une machine, un projectile, n'importe quoi, nous demeurons niaisement à sa merci, nous nous gardons bien de le concurrencer, de rivaliser avec lui, d'essayer de faire mieux, comme nous le pourrions... Non ! c'est toujours à Fiume que nous achetons la plupart de nos torpilles, et c'est en Angleterre que nous allons chercher nos turbines !

Que demain une invention (peut-être réalisée à l'heure où j'écris) assure à la puissance militaire qui saura se l'approprier une supériorité écrasante sur toutes les autres : croyez-vous que la France, à qui on l'aura offerte tout d'abord, s'empressera de l'acquérir, — après s'être assurée, cela va sans dire, de son efficacité, et de la garder pour elle seule à quelque prix que ce soit ?

Non ! Les jalousies absurdes et les soupçons injurieux se mettront en branle ; la lenteur et la négligence des Bureaux et des commissions fera le reste, et nous nous réveillerons un beau matin en apprenant que l'étranger a su acheter très cher ce que l'on nous présentait souvent pour rien !

Il faut en finir avec cette veulerie et cette naïveté qui nous ruinent, nous discréditent et nous perdent.

Il faut nous défendre avec toutes nos armes, user de toutes nos ressources, profiter de toutes nos inventions, nous assimiler toutes les autres, et cesser de gaspiller enfin nos forces, notre argent, notre courage et notre génie.

Charles HUMBERT,

Sénateur de la Meuse.

✝ ✝ ✝

Il ne faudrait pas aller jusqu'à croire que tout est pour le mieux dans le meilleur des mondes en Allemagne ; voici d'après les journaux d'Outre-Rhin une information qui prouverait que nulle part l'administration de la Guerre n'est exempte de critique :

(30 Novembre 1909.)

Au cours d'une conférence qu'il vient de faire à Stuttgart, M. Colsmann, directeur de la Société de Construction des Ballons Zeppelin, s'est plaint amèrement des entraves que les autorités militaires de Berlin apportent à la construction des halls servant au garage des dirigeables. Contrairement à l'avis du comte Zeppelin et de la société, elles font construire des abris de forme carrée, quand la forme ronde semble la plus rationnelle.

Le ministère de la guerre a répondu aux observations de la société que son type resterait carré, car tel est l'avis de la section aérostatique du grand état-major.

D'ailleurs, les autorités militaires opèrent comme s'il n'existait pas de dirigeable Zeppelin.

Elles font construire en ce moment à Gotha un hall

qui n'a que 85 mètres de longueur et ne saurait donc abriter que des dirigeables du type Gross et Parseval et non du type Zeppelin, dont la longueur atteint au moins 115 mètres.

卍 卍 卍

L'émulation bienfaisante

Nous pourrions ajouter bien d'autres critiques à celles-ci ; on sait notamment que les dirigeables allemands ne s'élèvent pas assez haut et que, par suite, ils sont vulnérables au point de ne pas pouvoir s'aventurer au-dessus du territoire ennemi sans être criblés à bonne distance par les feux de salve de l'infanterie ; on sait que nos ingénieurs, nos savants, nos pilotes, nos officiers, cherchent sans relâche le moyen de faire mieux, malgré tout, que les autres pays, mais peu importe, saluons cette émulation bienfaisante ; ne nous plaignons pas d'avoir été dépassés par l'Allemagne ; qu'elle ne se plaigne pas à son tour, des critiques dont elle est l'objet, elle aussi ; félicitons-nous plutôt de ces généreuses impatiences de l'opinion universelle ; félicitons-nous d'une émulation qui sert nos fins, puisqu'en nous menaçant d'être distancés elle nous oblige à nous hâter, à nous organiser, et par là à hâter les autres et la civilisation toute entière sur cette nouvelle route du progrès.

L'article du *Temps* repris, commenté par toute la presse, a eu pour lendemain une démarche collective des Groupes du Sénat et de la Chambre auprès du Ministre de la Guerre et du Président du Conseil, puis une nouvelle réunion du Groupe du Sénat lequel prit connaissance et ordonna l'impression à un grand nombre d'exemplaires de la note suivante de M. Painlevé sur les causes de notre infériorité présente.

Cette séance elle-même fut suivie d'une demande d'interpellation dont voici le texte :

A Monsieur le Ministre le la Guerre.

Paris, 5 Décembre 1909.

Monsieur le Ministre,

Vous vous intéressez trop personnellement aux progrès de la locomotion aérienne, et ces progrès ont été depuis un an trop éclatants et trop largement français pour que nous songions à signaler au gouvernement la nécessité de les encourager.

Toutefois, nous constatons avec surprise que dans le domaine de l'application, d'autres pays qui nous suivaient nous dépassent, ou vont nous dépasser.

Autant l'initiative privée s'est montrée en France hardie et féconde, autant celle de l'administration semble hésitante, sinon réfractaire.

Le ministère de la guerre, notamment n'a pas fait appel aux crédits que le patriotisme du Parlement ne lui marchande pourtant jamais ; il n'a présenté aucun plan d'ensemble, ni programme de construction, de subvention ou d'achat de dirigeables et d'aéroplanes, ni programme d'organisation préalable de l'outillage sans lequel une flotte aérienne serait aussi désemparée qu'un vaisseau sans abri et sans ravitaillement.

Enfin, parmi tant de volontaires à choisir dans toute l'armée, il n'a pas recruté ou formé le nombreux personnel indispensable pour mettre en œuvre, avec la méthode et les précautions essentielles, cette flotte nouvelle.

Voulez-vous me permettre, Monsieur le Ministre d'accord avec un très grand nombre de mes collègues du Sénat, de vous demander à la tribune les éclaircissements qui nous font défaut sur tout un ensemble de mesures prises ou à prendre par votre département, pour répondre à nos préoccupations et à celles du pays ?

Veuillez agréer, etc.

Signé : D'ESTOURNELLES DE CONSTANT.

Passons maintenant à la note de M. Painlevé et à l'ordre du jour qui a clos notre enquête.

Tout au moins notre Groupe pourra-t-il se rendre cette justice d'avoir le premier posé au Parlement la question et le premier aussi commencé l'éducation méthodique de l'opinion.

E. C.

Observations présentées au Groupe Sénatorial de l'Aviation[1]

par M. Paul PAINLEVÉ

de l'Académie des Sciences

(SÉANCE DU 3 DÉCEMBRE 1909)

Je me permets de rappeler la formule que j'employais il y a un an :

« Le pays qui, dès maintenant, négligerait le « dirigeable commettrait une *imprudence*. Le « pays qui ne s'intéresserait pas, dès maintenant, « à l'aéroplane, commettrait une *imprévoyance*. »

---

(1) Le Groupe a décidé la publication de cette note et sa diffusion à un grand nombre d'exemplaires ; il a chargé son Bureau de la remettre personnellement à M. le Président du Conseil, aux Ministres de la Guerre, de la Marine, des Travaux publics ; il a décidé en outre

L'imprudence comme l'imprévoyance serait aujourd'hui plus inexcusable encore qu'hier.

Il ne s'agit pas de savoir si (comme je le crois, pour ma part), l'aéroplane plus tard tuera le dirigeable ou si celui-ci sera éternel. Une chose certaine, sur laquelle tout le monde est d'accord, c'est que, pendant quelques années encore pour le moins, peut-être dix, peut-être vingt et plus, le dirigeable, si défectueux, si encombrant et si vulnérable soit-il, pourra rendre des services inappréciables ; au point de vue pratique, il faut donc lui consacrer les mêmes efforts que si ces services devaient durer toujours. Mais il faut, en même temps, stimuler par tous les moyens le développement de l'aéroplane.

LE DIRIGEABLE

Le dirigeable est né en France : c'est le général Meusnier qui l'a conçu, Krebs et Renard qui l'ont réalisé et rendu pratique. L'expérience de Santos-Dumont, Français de race et d'adoption, a ranimé

---

d'adresser au Gouvernement une demande d'interpellation concernant l'organisation de la locomotion aérienne en France.

Le Groupe Sénatorial de l'Aviation compte actuellement 206 membres ; son Bureau est ainsi composé : *Présidents d'honneur* : MM. de Freycinet et Léon Bourgeois ; *Président et Vice-Présidents* : MM. d'Estournelles de Constant, Général Langlois et Dr Emile Reymond.

les recherches, mais n'a pas eu de portée industrielle. C'est Julliot, qui, s'inspirant des idées de Renard, a réalisé le premier dirigeable industriel. Puis les *souples* sont nés avec Surcouf, Kapferer, Bouttieaux. En même temps, deux Italiens, les capitaines Crocco et Riccaldone, apportèrent d'heureuses modifications à l'empennage et aux gouvernails, complétant les théories Francaises. Il y a dix-huit mois, un an même, seuls les dirigeables français avaient réellement tenu l'air ; l'énorme effort de Zeppelin n'avait point encore abouti ; Gross et Parseval n'avaient guère connu que des échecs ; le dirigeable Italien n'existait pas encore ; l'industrie française, créatrice, semblait en tête pour longtemps : c'est à elle que songeaient, pour leurs commandes, les gouvernements étrangers. Depuis lors, tout est changé. Pourquoi ?

DIRIGEABLES FRANÇAIS & DIRIGEABLES ALLEMANDS

Les Allemands ont-ils apporté un perfectionnement essentiel vraiment nouveau ? Non ; les inconvénients de leurs dirigeables (à peu près inévitables d'ailleurs), sont les mêmes que ceux des nôtres ; leurs procédés de stabilisation et de gouverne ressemblent aux nôtres, leur plus grande vitesse n'a pas dépassé ni même égalé celle du « Clément-Bayard » par exemple (48 kilomètres à l'heure) ; ils n'ont point atteint en altitude les records français, eux-mêmes insuffisants au point de vue militaire. Quant au « Zeppelin » sa conception n'a rien d'original ; si Renard et les ingénieurs français déconseillaient le *rigide*, c'est avant tout à cause de son prix de revient colossal. Comme nous l'allons voir, d'ailleurs, il n'est nullement démontré que l'appareil vaille son prix.

D'où vient donc l'actuelle supériorité allemande qu'ont révélée les manœuvres de Cologne ? Ses causes sont multiples :

1° Les énormes dépenses largement consenties ;

2° L'admirable ORGANISATION industrielle du nouveau mode de transport et les perfectionnements incessants des détails ;

3° Un facteur moral, l'enthousiasme discipliné, d'où l'excellence et le nombre des équipes de manœuvre ; l'entrain, l'initiative et la persévérance des chercheurs dans leurs tentatives.

Ces trois causes sont d'ailleurs connexes ; C'est l'argent qui rend possibles les mises au point minutieuses, fruits de longues et coûteuses études ; c'est l'argent qui permet de multiplier les tentatives où chaque échec coûte des sommes considérables ; c'est l'argent qui provoque les efforts des industries connexes, car une industrie en activité ne s'intéresse aux nouveautés que si elles sont *susceptibles de payer*, c'est-à-dire de rembourser les frais d'adaptation ; s'il s'agit de millions, une vaste usine chimique s'intéressera, par exemple, à la fabrication en grand de l'hydrogène ; elle ne s'en souciera point s'il s'agit de quelques milliers de francs.

A ces causes, s'ajoutent des circonstances éminemment favorables : à savoir l'énorme développement des industries chimiques en Allemagne ; d'où production colossale d'hydrogène à capter, fabrication de toiles de caoutchouc excellentes, etc. Mais il restait à tirer parti de ces ressources, et c'est là que L'ORGANISATION allemande s'est manifestée tout à fait supérieure.

Analysons maintenant les trois causes que je viens d'indiquer.

1° Les dépenses allemandes

L'Allemagne a dépensé en un an plus de *douze millions* pour les Dirigeables (souscription Zeppelin comprise). La France a dépensé quelques centaines de mille francs. Le grand service rendu par Zeppelin à l'aéronautique allemande est moins la construction même du « Zeppelin », que ces millions apportés à l'aéronautique, le mouvement général d'enthousiasme qu'il a provoqué, et la bonne volonté et l'imagination qu'il a suscitées chez les industriels.

2° L'organisation et les perfectionnements industriels

Hangars. — Le dirigeable a ces inconvénients irrémédiables : son énorme volume, flasque, vulnérable, qui rend surtout dangereux le départ et l'atterrissage. (1) Par les magnifiques hangars qu'ils ont construits, les Allemands ont notablement diminué ces inconvénients : les dirigeables sortent en vitesse, en ordre de marche ; leur rentrée s'effectue aisément, grâce aux dimensions des portes et à la discipline exemplaire des équipes. La période, toujours dangereuse, où le dirigeable est abandonné, moteur éteint, à la manœuvre de l'équipe et peut dériver contre les obstacles, est par là réduite au minimum.

Les accidents sont ainsi moins nombreux ; en outre, les dimensions et l'outillage des hangars, le nombre des ouvriers exercés permettent d'effectuer très rapidement les réparations.

Hydrogène. — La question de l'hydrogène est capitale. Trois modes généraux de production sont possibles : le procédé électrolytique, qui donne de l'hydrogène pur, mais est coûteux. Le procédé chimique, qui *peut* donner de l'hydrogène pur s'il est

(1) Je ne parle ici que du temps de paix et non des risques de guerre (feux de salves, tirs d'artillerie, etc.)

très strictement surveillé. (1) Enfin, le procédé qui emprunte l'hydrogène à une industrie chimique donnant, comme sous-produit, de l'hydrogène libre et pur. C'est ce dernier procédé surtout qui est courant en Allemagne. Les principales fabriques d'hypochlorites (eau de Javelle, etc), ont été ainsi *mobilisées* pour l'aéronautique. Des milliers de bouteilles à hydrogène comprimé (représentant une mise de fonds de quelques millions consentie une fois pour toutes), montées en train, d'un transport commode, permettent de regonfler un ballon n'importe où. Comme cet hydrogène est pur, il n'y a pas à redouter le vieillissage prématuré de l'étoffe que produisent les sulfures renfermés dans l'hydrogène chimique mal purifié. Ce vieillissement (après lequel l'étoffe laisse passer l'hydrogène) peut se produire en quelques semaines. (Exemple : le « Ville de Nancy ».

Perfectionnements propres des ballons

De nombreux détails (l'hélice en étoffe et la petite nacelle du « Parseval » ; disposition de la poutre du « Gross » qui laisse le ballon même parfaitement souple alors que, dans nos semi-rigides, la partie inférieure du ballon fait corps

(1) Des procédés chimiques tout nouveaux, permettant la production de l'hydrogène *pur* en campagne, à l'aide d'un matériel peu encombrant et d'un personnel restreint, sont aujourd'hui mis au point en Allemagne. Il serait nécessaire que ces procédés fussent connus et étudiés en France, en attendant la production (que nous espérons prochaine) de l'hydrogène liquide.

avec la poutre) sont évidemment le résultat de multiples et coûteuses recherches. Il importe que nos constructeurs les connaissent à fond, et, le cas échéant, s'en inspirent dans une certaine mesure.

Ils ont assez apporté à l'œuvre pour n'être point suspects de plagiat.

Quant au « Zeppelin », si on excepte l'étanchéité de ses ballons sustentateurs (qui le garderait assez *vraisemblablement* d'un accident tel que celui du « République »), il ne semble pas avoir une supériorité marquée d'aucune sorte sur ses rivaux le « Gross » (semi-rigide) et le « Parseval » (souple). Ceux-ci ont fait et mieux tout ce qu'a fait le « Zeppelin ». Le nombre de passagers que peut emporter le « Zeppelin » ne semble pas justifier l'énorme différence du prix de revient. Le semi-rigide Italien lui a même ravi le record de la durée de tenue de l'air qu'il détenait en tant que Dirigeable.

3° L'élément moral

Cet élément a joué un rôle essentiel dans le développement de la flotte aérienne allemande. Il y a un an, les équipes terrestres et les équipages valaient moins en Allemagne qu'en France. Aujourd'hui, leur entraînement, leur enthousiasme, leur solidarité sont admirables.

Cet enthousiasme national a, de plus, comme je le disais, stimulé les industriels et les chercheurs. Les échecs et les accidents de Zeppelin, de Gross, de Parseval sont innombrables : leur liste serait des plus édifiantes. Chaque échec a été un enseignement ; c'est par la sympathie, par les applaudissements, par l'aide pécuniaire que la foule et que la presse allemandes les ont accueillis sans se décourager jamais. Aujourd'hui, les pilotes Allemands osent à Cologne des manœuvres plus hardies que celles qui ont été jamais tentées ici.

LES MESURES A PRENDRE

Pour rendre à la France la place qu'elle doit occuper, il faut avant tout consentir à des sacrifices pécuniaires.

Une somme de 15 à 20 millions trouverait aisément son emploi, qu'elle doive être ou non répartie en plusieurs exercices, mais il importe avant tout d'agir d'après un plan préconçu, et ce plan dépendra évidemment du budget dont disposera l'aéronautique militaire.

Tout d'abord, des hangars comparables à ceux de Cologne doivent être établis au moins dans deux ou trois grandes places de l'Est. Il en faudrait également un, au moins, aux environs de Paris. On pourrait d'ailleurs subventionner les entreprises privées qui construiraient des hangars, utilisables en cas de guerre.

Des hangars plus modestes, pour dirigeables de petit volume, devraient être construits près des forts ou points de défense importants.

Une dizaine de dirigeables devraient être commandés sans retard à l'industrie privée (dirigeables rigides et semi-rigides, de 3.500 mètres cubes ou plus petits, et de 7.000 mètres cubes). Les conditions les plus larges d'exécution devraient être laissées aux constructeurs, de façon que la porte reste ouverte à tous les perfectionnements. La commande de rigides comparables au « Zeppelin » ne semble pas indiquée, à moins qu'on ne dispose de crédits inespérés.

Toutes les conditions de lest, d'altitude, etc., nécessaires à la sécurité d'un dirigeable menacé du tir de l'infanterie ou de l'artillerie, seraient, bien entendu, imposées aux constructeurs.

Il serait désirable également que des dirigeables fussent construits à Chalais-Meudon ou dans l'établissement mieux situé qu'il conviendrait de substituer à Chalais-Meudon. L'initiative et l'ingéniosité de nos officiers devraient être stimulées et encouragées de toutes les manières. Les tentatives, même momentanément malheureuses, devraient leur attirer l'estime et non la réprobation.

Des crédits seraient affectés à la formation et à l'entraînement, dans l'armée, d'équipes terrestres et d'équipages. La formation simultanée d'équipes et de pilotes *civils*, qui se pratique militairement en Allemagne, devrait faire l'objet d'un projet étudié. (1)

(1) Voir plus loin (page 309), la note relative au personnel et à l'emploi éventuel des marins.

Les industries chimiques qui fournissent comme sous-produit de l'hydrogène *pur* devraient être immédiatement recensées et leur hydrogène recueilli soit par l'Etat qui affermerait cette exploitation, soit par une entreprise privée que subventionnerait l'Etat pour parer aux premiers frais considérables (achats de milliers de bouteilles à hydrogène comprimé). La France est évidemment, sur ce point, en état de grande infériorité par rapport à l'Allemagne, mais elle peut imiter, dans la mesure de ses ressources chimiques, l'organisation allemande qui, sur ce point, est parfaite en ses moindres détails.

Le Gouvernement Français pourrait s'épargner la dépense directe de plusieurs dirigeables en encourageant par primes la navigation aérienne. Mais il faut bien prévoir que ces primes ne produiraient leur effet qu'à la longue, et qu'une flotte aérienne privée, mobilisable en temps de guerre, mettrait quelque temps à se constituer.

En tout cas un grand effort doit être fait sans tarder; les manœuvres de Cologne ont montré, de façon évidente, que, grâce à une organisation grandiose et minutieuse, les dirigeables sont un instrument beaucoup plus maniable qu'on ne pouvait le penser. Croiseurs et demi-croiseurs aériens peuvent faire des randonnées à très long rayon autour des places fortes, pousser des pointes hardies de reconnaissance en plein pays ennemi, accompagner même les armées en campagne. Il existe aujourd'hui dix ballons militaires Allemands mobilisables, un nombre (inconnu mais grand) de dirigeables appartenant à des particuliers et qui, en guerre, s'ajouterait au précédent. Sans doute, ces dirigeables ont de graves défauts ; leur altitude est insuffisante, du moins pour la guerre de jour ; ils seront vite démodés. Il n'y a donc certainement pas lieu de s'affoler ; mais il y a lieu de faire en sorte que la supériorité Allemande, écrasante aujourd'hui en apparence, ne devienne pas une réalité.

Ce ne seront pas là d'ailleurs des dépenses improductives. Au point de vue économique, si la France se laisse battre en Aéronautique, ce sera pour son industrie un échec qui lui coûtera plus cher que les millions qu'exige un effort conforme à toutes nos traditions nationales.

L'AÉROPLANE

Les expériences de ces derniers mois montrent que l'aéroplane sera bientôt un instrument utile de reconnaissance en temps de guerre.

L'Allemagne vient d'en faire une commande considérable. Il importe que le Gouvernement Français prenne dès maintenant toutes les mesures propres à favoriser le développement et les applications de l'aéroplane et à maintenir l'avance que nous conservent encore les initiatives individuelles.

Je ne me permettrais pas de tracer un plan que seul le Gouvernement peut arrêter, particulièrement en ce qui concerne la question capitale du recrutement et de la formation du personnel, [1] mais, cette réserve faite, il semble que les mesures suivantes s'imposent :

1° L'achat d'un grand nombre d'aéroplanes de tous les types, mais à deux places au moins, et l'éducation de pilotes *militaires* et *marins* [2], tous volontaires.

2° La création d'un laboratoire national d'aviation avec aérodrome, institution qui serait pour

---

(1) En ce qui concerne la question du personnel, tout ou presque tout est à faire. La rapidité du progrès nous a surpris.

Lors de l'organisation du service de l'aérostation militaire, il y a 25 ans, le personnel des sapeurs-aérostiers comprenait, en temps de paix, 4 compagnies, lesquelles formaient, sur le pied de guerre, 5 sections de campagne et 4 sections de place forte, toutes appelées à manœuvrer un seul modèle d'aérostat captif, le ballon normal de 450 mètres cubes.

Actuellement, nous en sommes encore au même point ou peu s'en faut ; malgré le développement si considérable de l'aérostation dans l'armée, l'artillerie ne pouvant plus se passer du concours des ballons captifs, malgré la création des dirigeables et des aéroplanes, nous n'avons qu'**un seul** bataillon d'aérostiers à 4 compagnies en temps de paix ; chiffre dérisoire et absolument insuffisant, en tous cas, pour assurer la constitution de compagnies territoriales en temps de guerre.

Au personnel indispensable de volontaires, *troupes*,

le plus lourd que l'air ce qu'a été, faute de mieux, Chalais-Meudon pour le dirigeable. Mais il n'est point besoin que ce laboratoire soit militaire ; ce qui importe c'est qu'il soit *unique ;* il faut que les crédits ne soient pas dispersés entre plusieurs laboratoires civils ou militaires. Un laboratoire d'aviation ne rendra de services que s'il est doté de ressources considérables, les expériences en grand, seules efficaces, étant très coûteuses et devant être poursuivies sur un plan d'ensemble. Ce laboratoire national pourrait comprendre plusieurs établissements distincts, installés dans des régions favorables. Il compterait des officiers parmi ses collaborateurs. Il pourrait englober le laboratoire naissant de l'Université (fondation Deutsch de la Meurthe). L'étude de

---

il convient d'adjoindre de nombreux officiers et sous-officiers, également volontaires et choisis tous sans distinction d'armes, dans l'armée et dans la marine, parmi les plus aptes, pour constituer les équipes de ballons dirigeables et monter les aéroplanes ; sans oublier le personnel nécessaire aux manœuvres à terre, aux réparations et aux essais, etc. Les sous-officiers *mécaniciens* sont déjà recrutés en partie, mais les officiers **pilotes** ont été jusqu'ici prélevés sur le personnel des aérostiers, ce qui ne peut durer davantage. En réalité le personnel des dirigeables, si insuffisant qu'il soit, quant au nombre, est pris au détriment du personnel non moins nécessaire des aérostiers, alors que ce personnel aurait dû être lui-même largement augmenté.

Il faut prévoir, en résumé, du personnel non seulement pour les *ballons captifs,* pour les *ballons libres* et l'aéroplane n'y serait pas systématiquement séparée de celle du dirigeable.

3° La mise en projet immédiate, en vue d'une réalisation prochaine, de transports industriels par aéroplanes (exemple, service de transports légers entre le Sud Algérien et Tombouctou, etc). Si les dépenses que comportent de telles entreprises ne sont pas directement productives, elles seront éminemment utiles pour stimuler les progrès de l'aviation et conserver à l'industrie Française la maîtrise dans cette industrie nouvelle, maîtrise qu'elle risque de perdre avant quelques mois.

PAUL PAINLEVÉ.

pour les *cerfs-volants* de plus en plus employés dans l'armée, mais encore pour les *dirigeables* et pour les *aéroplanes*, sans compter les travaux de laboratoires, de construction et d'ateliers.

(2) Les marins sont en effet particulièrement adaptés aux manœuvres et du dirigeable et de l'aéroplane. Leur rôle, comme pilotes de sphériques, pendant le siège de Paris, en est une preuve éclatante.

ORDRE DU JOUR DU GROUPE

Dans sa séance du 10 Décembre, le Groupe Sénatorial de l'Aviation, après avoir entendu et discuté les communications antérieures de l'aéronaute français Louis Capazza et de M. Paul Painlevé, de l'Académie des Sciences, celles de l'Aéro-Club représentée par M. Cailletet de l'Académie des Sciences et par MM Léon Barthou et Cte de La Vaulx, celles de la Ligue Aérienne, représentée par M. le Docteur Quinton, MM. d'Arsonval et Deslandres de l'Institut, Martel, Kleine, directeur général de l'Ecole des Ponts-et-Chaussées, etc., celles enfin des principaux aviateurs et promoteurs de l'Aéronautique, etc., a adopté l'ordre du jour suivant, lequel résume les conclusions remarquablement concordantes des personnalités les plus qualifiées pour donner un avis et tracer les lignes générales d'un programme d'organisation de la locomotion aérienne.

ORDRE DU JOUR :

Le groupe estime que, quelle que puisse être dans l'avenir la supériorité des aéroplanes sur les dirigeables, le gouvernement ne peut actuellement se désintéresser de ces derniers. Il attire en conséquence l'attention du gouvernement sur la nécessité de comprendre dans son plan général d'organisation de la locomotion aérienne :

1° La construction ou l'encouragement à la construction des dirigeables ;

La nacelle et les hélices molles du « Parseval » après sa sortie du hangar. (Cologne 1909)

La propagande pour les Dirigeables en Allemagne. (Cologne, Novembre 1909).

2° L'édification de hangars spacieux, tant pour le garage que pour la réparation et la construction des dirigeables ;

3° L'utilisation et la centralisation en des points convenables de l'hydrogène pur ;

4° L'organisation du matériel nécessaire à l'embouteillage et au transport de cet hydrogène ;

5° Le recrutement et la formation du personnel nécessaire à la mise en œuvre de ce programme, notamment l'organisation d'un recrutement prenant sa source dans toutes les armes, aussi bien dans l'armée que dans la marine, sous une direction unique et autonome où les deux services connexes des dirigeables et des aéroplanes ne puissent pas être isolés l'un de l'autre.

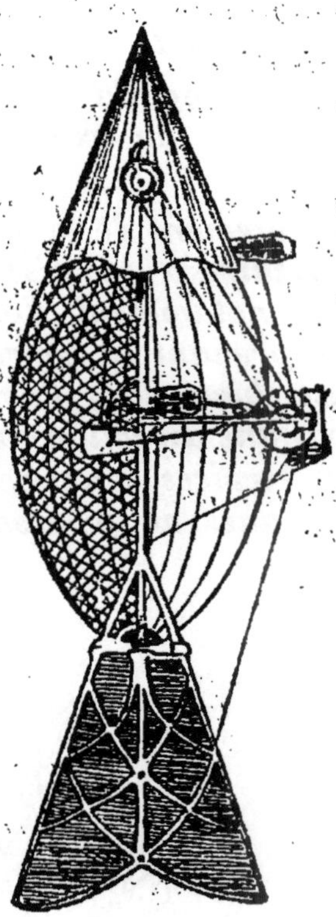

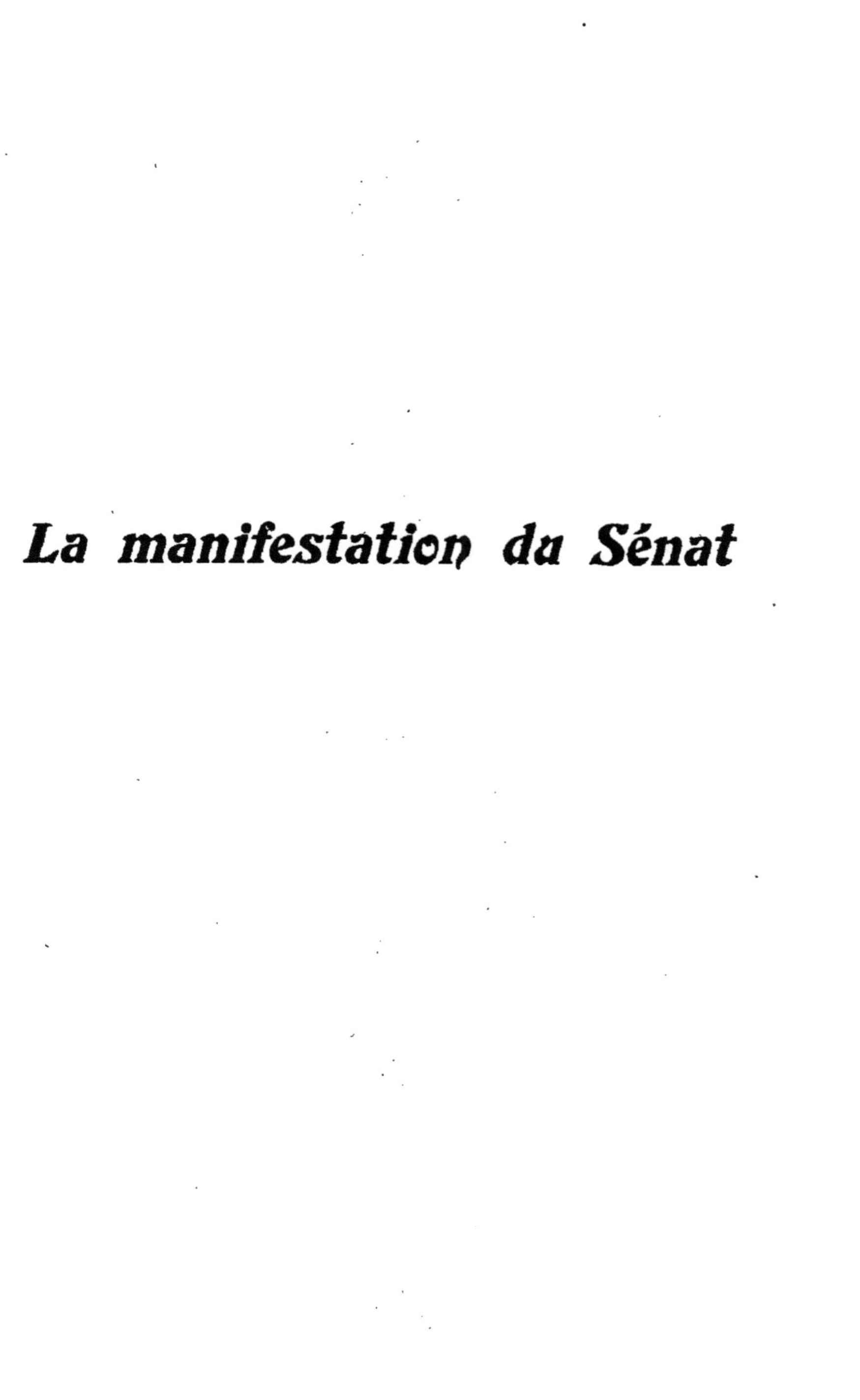

La manifestation du Sénat

La manifestation du Sénat

La manifestation

du

Groupe de l'Aviation au Sénat

卐 卐 卐 卐

Le Groupe de l'Aviation du Sénat a tenu sa séance de rentrée le Mercredi 10 Novembre, à trois heures, dans la salle de l'ancienne chapelle. A cette imposante manifestation ont pris part une élite nombreuse de personnalités du monde politique, du Parlement et de l'Aéronautique ; au premier rang des auditeurs citons : M. le Président du Sénat, M. le Président de la Chambre des Députés, les Vice-Présidents et les Questeurs du Sénat ; le Généralisisme M. Delacroix ; M. le Marquis de Reverseaux et plusieurs Ambassadeurs et

Membres du corps diplomatique ; M. Cailletet, de l'Institut ; MM. Deutsch de la Meurthe et Archdeacon ; MM. Blériot, Latham, de Lambert, Delagrange, Tissandier, Bunau-Varilla, Jean Gobron, Cte de la Vaulx, Mme la Comtesse de Lambert, Colonel Renard, Commandant Bouttieaux, etc., etc.

MM. Farman, Santos-Dumont et Paulhan, retenus par leurs obligations d'aviateurs s'étaient excusés.

Allocution

de M. D'ESTOURNELLES DE CONSTANT

Président du Groupe de l'Aviation

Messieurs,

Les manifestations de notre Groupe de l'Aviation ont été nombreuses depuis un an.

Le 5 Novembre de l'année dernière, à la suite de notre interpellation, le Sénat votait à l'unanimité un ordre du jour affirmant la nécessité d'encourager les progrès de la locomotion aérienne en France. Le 4 Décembre suivant, notre Groupe applaudissait, dans cette même salle, les deux Conférences de M. le Commandant Bouttieaux et de M. P. Painlevé sur les dirigeables et les aéroplanes ; conférences qui furent publiées par nos soins en un volume illustré et répandu à un grand nombre d'exemplaires.

Un crédit, bien faible encore, de 100.000 francs pour encouragements à l'aviation fut inscrit au budget français et, par une promotion spéciale, la croix de la Légion d'Honneur fut accordée aux plus méritants des précurseurs français et étrangers de la locomotion aérienne.

L'année 1908 s'acheva dans l'apothéose des derniers vols de Wilbur Wright au camp d'Auvours.

Depuis lors nous avons marché ou volé de surprise en surprise. Aujourd'hui de tels progrès ont été réalisés en quelques mois, dans le domaine de l'Aviation, que votre Bureau a dû provoquer la présente réunion et prier l'honorable M. Painlevé de donner une suite à sa première Conférence.

M. Painlevé a bien voulu répondre à notre appel avec son dévouement habituel ; je n'ai pas besoin de vous le présenter, encore moins de le louer. Vous entendrez auparavant M. Robert Esnault-Pelterie qui a le très grand mérite d'être à la fois aviateur et organisateur. Commissaire général de la première Exposition Industrielle de l'Aéronautique à Paris, exposition que notre Groupe a visitée avec le plus vif intérêt, M. R. Esnault-Pelterie voudra bien nous donner une vue rapide de cette Exposition dont le grand succès a surpris même les plus optimistes d'entre nous.

Enfin, Messieurs, à cette fête de l'Aviation nous

n'avons pas manqué de conv er ceux qui en sont les héros, les aviateurs ; tous n'ont pas pu répondre à notre appel, mais tous sont de cœur avec nous, comme nous sommes de cœur avec eux ; présents ou absents nous les saluons avec admiration, qu'ils se nomment Blériot, le premier aviateur qu'ait vu atterrir dans son île et qu'ait acclamé l'Angleterre ; Latham, moins heureux mais non moins audacieux, non moins digne de l'enthousiasme qu'éveille son nom si populaire ; Henry et Maurice Farman, pilotes, inventeurs voyageurs, vainqueurs tenaces de tant de records dans le passé, dans le présent et certainement aussi dans l'avenir ; Santos-Dumont dont la France se dispute la gloire avec le Brésil, et qui le premier a bouclé la Tour Eiffel en dirigeable, le premier bondit et quitta le sol avec un biplan, le premier aussi conçut et lança le plus minuscule, la demoiselle des aéroplanes ; Paulhan dont les vols splendides n'ont d'égal que ses atterrissages déjà classiques ; Rougier son émule, tous deux incomparables pilotes des appareils des frères Voisin ; Glenn Curtiss détenteur américain de la coupe de vitesse, sans oublier Tissandier, Delagrange, Bunau-Varilla, Gobron, le fils de notre collègue, et combien d'autres encore, et les frères Wright et leur « modeste » élève le Comte de Lambert ici présent. Ceux d'entre nous qui l'ont acclamé, il y a trois semaines, à son passage dans le ciel, au-dessus du Sénat, ne seront pas fâchés de constater, en lui serrant la main aujourd'hui, qu'ils n'ont pas rêvé !...

Messieurs, nous devons la plus grande reconnaissance aussi aux savants, aux ingénieurs, et, avant tout, à ceux qui ont créé et perfectionné le moteur à essence, les Antoinette, les Anzani, les Gnômes, etc. ; nous les confondons dans les sympathies et les vœux dont nous entourons les aviateurs eux-mêmes ; mais nous ne serons pas ingrats non plus à l'égard des services rendus et à rendre par les ballons libres et les dirigeables Français représentés ici par M. le Commandant Renard dont le nom est deux fois respecté de nous tous et par le Commandant Bouttieaux, par MM. Deutsch de la Meurthe, Archdeacon, Kapferer, Surcouf, Voyer, les frères Lebaudy, de la Vaulx, et leurs collaborateurs directs ou indirects. Nous ne manquerons pas non plus de constater les récents succès du Comte Zeppelin et de ses disciples en Allemagne, succès qui n'éveillent dans toute âme vraiment Française d'autre sentiment que celui de l'admiration qu'ils méritent.

Enfin je remercie personnellement, en votre nom à tous, Monsieur le Président et nos collègues du Sénat, ainsi que Monsieur le Président de la Chambre des Députés, pour l'éclat qu'ils donnent à nos réunions en y prenant une part si fidèle et d'une activité si bienveillante. Je n'oublie pas non plus la gratitude que nous devons à nos bons camarades MM. les Questeurs du Sénat.

Avant de donner la parole aux orateurs que j'ai hâte comme vous d'applaudir, je dois vous faire part des regrets de notre Président d'Honneur M. de Freycinet et de notre Vice-Président M. le Général Langlois, tous deux retenus par une séance importante de la Commission de l'Armée. M. Léon Bourgeois qui se faisait une joie d'être des nôtres, vient d'en être empêché par une indisposition.

Votre Bureau vous invite Messieurs à vous associer aux sentiments de reconnaissance et de respect que nous inspirent ceux que malheureusement nous ne verrons plus parmi nous, ceux qui furent les glorieuses victimes, la rançon des magnifiques progrès que nous célébrons. Le Capitaine Ferber était ici l'an dernier ; il n'a jamais manqué une occasion de servir la cause la plus généreuse, la plus impersonnelle qui fût jamais ; il a sacrifié sans compter à l'aviation, sa carrière, sa fortune, sa vie ; — et cependant ceux-là mêmes qui le pleurent, sa veuve, ses enfants, respectent la grandeur de sa vocation jusqu'à s'abstenir de le plaindre et jusqu'à reconnaître qu'il est mort dans la joie de son rêve réalisé.

A la famille du vaillant et jeune Lefebvre, mort lui aussi en pleine action, en pleine force, en plein succès, aux familles du Capitaine Marchal, du Lieutenant Chauré, des Adjudants Vincenot et Réau, — tout l'équipage hélas du *République*, — s'adressent nos profondes sympathies. L'exemple de ces héros, loin de décourager, stimulera la.

vaillance de notre jeunesse, plus sensible, quoi qu'on en dise, à la satisfaction de se dévouer qu'à l'appât des profits et des récompenses. *(Applaudissements)*,

Allocution de M. ESNAULT-PELTERIE

Mesdames,
Messieurs,

Je suis particulièrement reconnaissant à M. le Président du Groupe de l'Aviation d'avoir bien voulu me donner la parole pour vous parler, très rapidement, du reste, de la dernière Exposition d'Aéronautique, et du groupement qui en a été l'instigateur, je veux dire l'Association des Industriels de la Locomotion Aérienne.

En effet, on ignore généralement ce qu'est cette Association. Il y a huit ou neuf ans, les hommes qui s'occupaient d'aviation n'étaient pas toujours très bien accueillis par les personnes auxquelles ils en parlaient, et souvent même, ils se voyaient recevoir d'une manière parfaitement dépourvue d'aménité. Dans ces derniers temps, fort heureusement pour nous, tout cela a changé; mais, peut-être, est-on tombé dans l'excès contraire : le public mal initié à cette question de l'aviation, ignore l'Association des Industriels de la Locomotion Aérienne qui s'est formée pour rémédier à l'excès des Sociétés d'encouragement qui n'encouragent pas.

J'ai eu l'idée de créer cette Association au commencement de l'année 1909, parce qu'il me semblait que nous tous aviateurs et constructeurs, devions nous grouper pour défendre nos intérêts nous-mêmes. Alors que nous étions parvenus — et pour quelques-uns ce fut au prix de leur fortune, voire même de leur vie — à faire faire un si grand pas à l'aviation, il n'y avait pas de raison pour que les mêmes hommes qui, il y a neuf ou dix ans, nous réservaient un accueil si froid, vinssent s'emparer du fruit de nos travaux et de nos recherches et nous enlever à nous-mêmes la direction de nos affaires personnelles.

A mon premier appel, tous les confrères, constructeurs et aviateurs m'ont fait le grand honneur de répondre avec une unanimité dont je les remercie. Certes, au début, les uns ne voyaient pas distinctement la voie dans laquelle plein de confiance, je voulais les entraîner ; mais tous se sont bien vite rendu compte que mes efforts seraient utiles à notre cause, et ils sont devenus très vite mes collaborateurs dévoués, pleins d'ardeur pour mettre sur pied d'abord notre projet d'association, pour étendre ensuite, cette même association.

Notre première réunion constitutive a eu lieu le 16 février dernier : c'est vous dire que nous ne sommes pas encore bien vieux ; nous comptons actuellement une cinquantaine de membres adhérents. Vous reconnaîtrez avec moi que, dans une industrie aussi jeune, il est impossible de faire mieux.

Au surplus, mon désir n'était pas de voir entrer dans cette association une très grande quantité d'adhérents ; ce que je voulais, c'était réunir autour de moi des aviateurs et des constructeurs, des hommes vraiment du métier pour former un groupe compact, capable de discerner dans quelle voie il convenait de diriger notre industrie naissante.

C'est entre nous, dans ce petit noyau d'une cinquantaine d'adhérents, que fut décidée l'Exposition de l'Aéronautique qui a tenu ses assises en octobre dernier au Grand Palais.

Il faut l'avouer, cette exposition, quand elle fut annoncée, loin de soulever l'enthousiasme, suscita les craintes de quelques-uns ; plusieurs fois, au cours de mes démarches, on m'objecta que, peut-être, nous n'aurions pas à exposer beaucoup d'appareils volants. Vingt-six aéroplanes cependant prirent place dans les stands que nous leur avions réservés au rez-de-chaussée du Grand Palais.

Certes, ce résultat ne fut pas obtenu sans grands efforts : je suis particulièrement heureux, ici, de remercier les membres de la Haute Assemblée, et aussi ceux de la Chambre des Députés, de m'avoir toujours accueilli avec la plus grande bienveillance ; et c'est grâce au concours de toutes ces bonnes volontés que nous avons réussi à mettre sur pied notre exposition, résumé, en quelque sorte des progrès de l'aviation au cours de l'année, et dans laquelle tous ceux qui n'avaient pu assister aux meetings tenus tant à Reims qu'à Juvisy, ont pu voir et admirer des aéroplanes identiques à ceux qui avaient conduit nos camarades à la victoire et à la conquête de l'air.

Nous remercions donc Messieurs les Sénateurs, et en particulier, le Président du Groupe de l'Aviation, M. d'Estournelles de Constant, dont l'appui bienveillant ne nous a jamais fait défaut ; nous remercions Messieurs les Députés, et aussi tous les Ministres qui ont bien voulu, non seulement nous accorder leur haut patronage, mais encore nous prêter un appui plus effectif en nous soutenant dans notre tâche et en nous la facilitant dans la mesure où cela leur était possible. Après les quelques années ingrates, dont je parlais en débutant, ce nous est une grande satisfaction de rencontrer l'aide des pouvoirs publics ; ils nous montrent — et tout le pays nous montre avec eux — que notre effort a été compris. Par cette manifestation éclatante de toutes les bonnes volontés notre marche en avant va reprendre avec une nouvelle ardeur, car ce n'est pas la fin de cette année qui verra le terme de nos entreprises.

Oui, Mesdames et Messieurs, nous avons bien travaillé jusqu'à présent ; mais notre intention est de continuer, et si nombre de mes camarades ont fait déjà très bien, soyez convaincus qu'ils feront, que tous nous ferons encore mieux l'année prochaine.

Je remercie donc toutes les bonnes volontés qui ont bien voulu seconder nos efforts, et je me permets d'avouer que j'aurai peut-être bientôt l'occasion de faire appel une fois de plus à leur concours. (*Applaudissements*).

Conférence de M. PAINLEVÉ

La conférence de M. Painlevé étant le développement des différents articles que contient ce volume, nous avons dû nous décider à en ajourner la publication.

Allocution de M. le Comte de LAMBERT

au Groupe de l'Aviation du Sénat

Monsieur le Président,

Messieurs,

Au nom de mes camarades et au mien je vous demande la permission de remercier le Groupe de l'Aviation, Monsieur le Président et Messieurs les Membres du Sénat, Monsieur le Président et Messieurs les Membres de la Chambre des Députés ; je les remercie au nom de tous mes camarades, présents ou absents, car cette belle manifestation dépasse de beaucoup nos personnes ; c'est l'Aviation que vous avez voulu honorer.

Nous vous sommes d'autant plus reconnaissants de vos sympathies qu'elles n'ont pas attendu le succès pour se prononcer. Nous nous souvenons que, dès l'été de l'année dernière, au début même des essais du camp d'Auvours, le Sénat était saisi de la première demande d'interpellation en faveur de la locomotion aérienne et que cette interpellation a été suivie de sanctions morales et matérielles qui furent la première consécration officielle de nos efforts.

La bienveillance des Pouvoirs Publics à notre égard nous a épargné bien des difficultés, et nous a fait gagner peut-être des années, en nous libérant des entraves qui paralysaient trop souvent nos efforts au service d'une cause jusqu'alors considérée comme chimérique. Certes rien ne pouvait ébranler notre confiance ; nous sommes convaincus que les progrès de l'aéroplane en rapprochant les hommes les uns des autres aboutiront à une infinité d'autres bienfaits d'une importance incalculable ; mais plus cette conviction est profonde en nous, plus nous sommes reconnaissants à tous ceux qui nous récompensent, en quelque sorte, de notre confiance et la justifient en la partageant ouvertement.

Je ne dirais pas toute ma pensée si je n'ajoutais pas, Messieurs, que, — petit-fils de Français, sujet de la Nation qui est désormais et pour toujours l'amie et l'alliée de la France, — je suis personnellement heureux que votre grand pays soit le centre des expériences de l'Aviation. C'est là un fait naturel à mes yeux et aux yeux de tous.

Noblesse oblige, dites-vous ; la France doit à elle-même et à son passé de favoriser tout effort dont l'humanité est appelée à profiter. Elle ne s'arrête pas dans son ardeur de servir le progrès ; elle ne manque jamais une occasion d'affirmer sa généreuse vitalité et son attachement tenace à son rôle traditionnel de grande Nation civilisatrice. Par la chaleur des sympathies que sa population tout entière, sans distinction de rang ni de classes, témoigne à toute initiative vraiment humaine, elle est le foyer qui attire de toutes parts les activités les plus fécondes pour les répandre ensuite sur le Monde avec une puissance de pénétration irrésistible. C'est ainsi qu'elle se fait aimer et respecter dans tout l'Univers.

Messieurs, nous nous associons à l'hommage rendu en termes si émouvants à ceux de nos camarades qui ne sont plus ; c'est une grande consolation pour ceux qui les pleurent de penser qu'ils sont morts en pleine force, en pleine gloire, en pleine conscience des services qu'ils ont rendus à leur pays, à leur temps, à l'Humanité.

Recevez, Messieurs, nos remerciements et pour ceux qui ont disparu et pour ceux qui restent ; vous nous aurez donné des forces nouvelles pour nous consacrer de toute notre âme, avec plus d'ardeur que jamais, à la noble conquête de l'air. (*Vifs applaudissements prolongés*).

Allocution de M. Antonin DUBOST

Président du Sénat

M. d'Estournelles de Constant et le bureau me demandent d'adresser quelques paroles à MM. les aviateurs. Je puis d'autant moins m'y refuser, qu'il m'est tout particulièrement agréable de les remercier au nom de tous ceux qui sont venus ici les écouter, pour avoir bien voulu témoigner, par leur présence, des grandes choses qu'ils ont accomplies, et qui sollicitent nos imaginations aux espoirs les plus grandioses. *(Très bien ! et applaudissements).*

Déjà M. Painlevé et M. le Commandant Bouttieaux étaient venus, ici même, nous initier aux premiers mystères de l'aviation, en esquissant devant nous des perspectives assurément bien séduisantes, mais, qu'à la vérité, nous pouvions croire assez lointaines.

Une année s'est à peine écoulée, et M. Painlevé, avec le charme et la clarté de langage qui nous avaient déjà ravis, revient, aujourd'hui, rendre compte, en la précisant, de l'importante et nouvelle étape que vous avez réalisée.

Plus simples que la voile, plus rapides que la vapeur, vous êtes allés hardiment reconnaître, pour nous, les routes de l'espace, jusqu'à présent familières seulement à nos rêveries.

Et vous nous donnez en ce moment l'émouvante impression de vivre une de ces heures solennelles, où, à des intervalles séculaires, l'humanité s'exhausse brusquement dans sa force et dans ses destinées. *(Applaudissements).*

A vous entendre, messieurs les aviateurs ; à vous regarder aujourd'hui dans le repos de vos vols héroïques, nous éprouvons un autre sentiment : c'est la satisfaction et la fierté profonde de constater que dès la première heure vous avez trouvé, dans l'opinion publique et dans le Parlement, tous les concours, tous les encouragements, et comme une sorte de poussée nationale de sympathie, que vous avez dû sentir complice des moteurs et des vents, pour vous soutenir dans vos magnifiques envolées. *(Très bien !)*

Aussi, après vous avoir entendus, comment notre pensée ne se reporterait-elle pas vers vos glorieux et infortunés camarades, les Lefèvre, les Ferber, les soldats aéronautes du ballon *Le République,* vers ces héroïques français dont nous aimons à saluer la mémoire et que nous voulons, ce soir, associer à vous, les survivants, dans notre reconnaissance, dans la reconnaissance du pays tout entier, dont je suis heureux de vous adresser la nouvelle et sincère expression. *(Vifs applaudissements).*

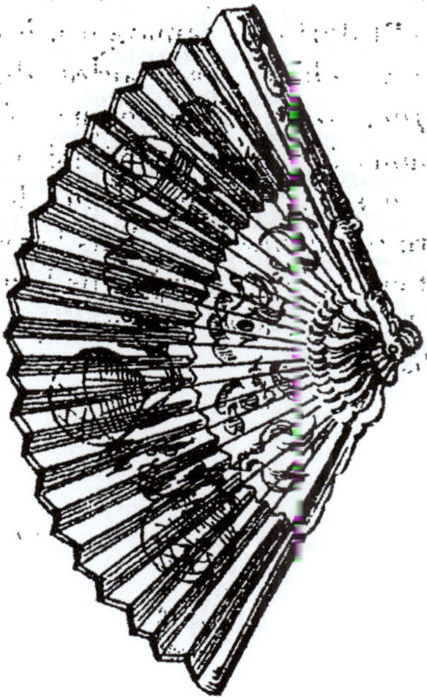

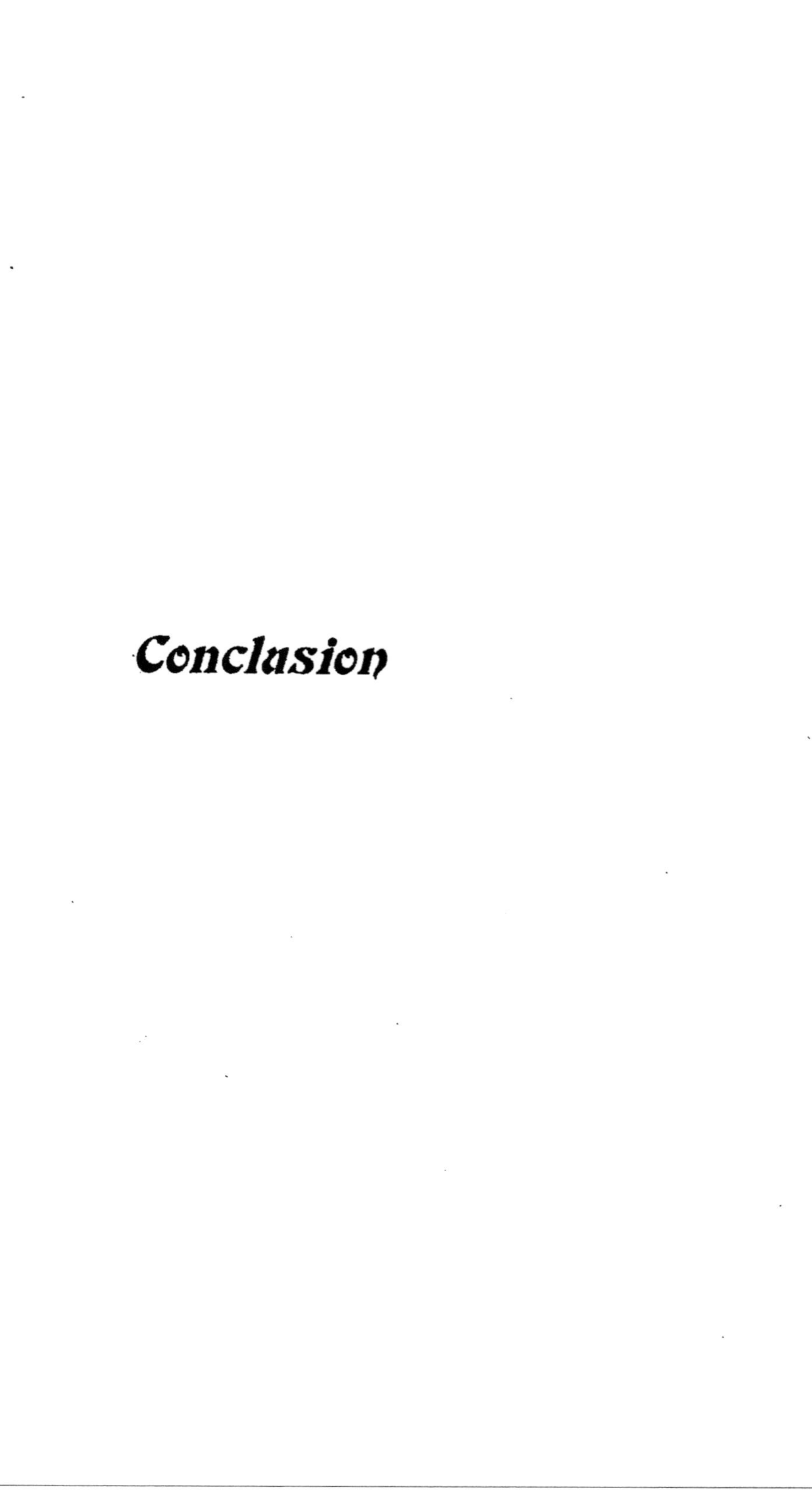

Conclusion

CONCLUSION (1)

Le triomphe Humain

⁂

C'est déjà une impression assez étrange ; on était à peine assis dans les tribunes de Bétheny qu'on se serait cru en ballon, tant la vue pouvait s'étendre sur cette plaine sans bornes, tant les vagues du sol y sont écrasées, aplaties, comme si on les dominait de très haut. Des lignes d'arbres font de rares taches vertes ; une autre, juste contre l'horizon, indique une route ; et à droite il y a un clocher, un de ces bons clochers campagnards, qui ressemble, avec les maisons basses qui l'entourent, à une

(1) Cette conclusion, écrite au lendemain de la Semaine de Reims, nous a paru, par son ampleur, couronner dignement l'ensemble de ce volume.

mère poule entourée de ses petits. Et tout cela est si bas qu'on est déjà dans le ciel. C'est lui qui est le paysage.

Le jour que j'étais là, l'air avait cette transparence très légèrement blonde que donne le grand soleil quand il boit l'humidité que contient encore la terre, et c'était de cet air très fin qu'on recevait, avant même de regarder, la sensation d'une rumeur obsédante et inusitée : un bourdonnement d'énormes mouches ou de ces papillons qui tournent près des lampes, le soir tombé, quand on travaille ou qu'on médite. Alors, en levant les yeux, on *les* apercevait.

Je me suis quelquefois amusé à m'imaginer qu'il a pu exister une époque de l'évolution de la terre où la nature, bien avant de créer l'homme, aurait cherché à fabriquer de l'intelligence avec des insectes. Cela, sans trop d'invraisemblance, se placerait quelque part aux environs de la période carboniférienne. Au dessus des fougères grandes comme des palmiers, de joncs hauts comme des trembles, ont pu voler des libellules, des bourdons, des fourmis ailées, des abeilles essayant, avec une liberté cérébrale qu'elles ont perdu, les gestes sociaux ou individuels qu'elles font maintenant avec inconscience. C'était ce roman préhistorique qui paraissait subitement réalisé : les insectes intelligents tournoyaient à Bétheny en faisant ronfler leurs antennes et leurs ailes ; il y avait au dessus d'eux un véritable oiseau, celui de Latham.

Je ne vous donne ici que l'impression la plus populaire, la plus irraisonnée, la moins scientifique, ou si vous voulez, la plus instinctive, celle des femmes. Il ne s'agit donc nullement de vous dire quelle est la meilleure machine volante ; il faudra ici que les théoriciens aident l'expérience, et ce n'est là probablement qu'une affaire de quelques mois, de quelques années tout au plus. Tâchez de vous figurer quels extraordinaires et invraisemblables chaudrons nous apparaissaient les automobiles qu'on faisait il y a dix ans ! Le fait actuel, c'est que les biplans les plus agiles, les plus triomphants, les plus jolis avaient l'air d'immenses libellules. La phalène si rapide et si vive de Blériot satisfait encore davantage ; elle charmait comme un papillon. Tout cela volait au ras des blés, pour ainsi dire, afin sans doute que la ressemblance fût complète ; et quand, ce qui est le cas le plus fréquent, l'hélice est placée à l'avant, elle semble alors une paire d'antennes, l'assimilation est presque totale et merveilleuse. Mais tout à coup un grand oiseau s'envolait du sol ;

il avait une longue queue fortement pennée, deux ailes immenses pareilles à celles d'un formidable épervier. Il décrivait de grands cercles avec une sécurité puissante, une espèce d'insolence rapace, il s'élevait, il s'élevait toujours, il montait dans la région qui pour nous est vraiment celle des oiseaux. Ça n'avait pas l'air d'une bête de la même espèce que les autres, et on eût dit qu'elle les cherchait pour les dévorer, comme les hirondelles tournoient, en quête de moucherons. Je ne sais pas si le public avait raison, mais enfin il était venu pour voir si l'air est vraiment conquis : il en avait la conscience en voyant Latham.

Plus haut encore, immédiatement au-dessus des nuées molles, flottaient les aéronats dirigeables. Par leur masse, par leur couleur éclatante, par leur forme, ils eussent dû attirer l'attention ; ils suscitaient même, quand on les contemplait, un sentiment proche de l'épouvante, à peu près celui qu'aurait, je suppose, un vermisseau rampant au fond d'un aquarium et distinguant au-dessus de lui la forme gigantesque et menaçante d'un gros poisson au ventre d'or. C'est à peine cependant si la foule daignait lever l'œil vers ces gros dirigeables. Cette indifférence était sans nul doute injuste, mais enfin le fait est certain et bien caractéristique ; et si le *Zeppelin*, qui a éveillé en Allemagne un si grand enthousiasme sentimental et national, était apparu au-dessus de la plaine de Bétheny, on lui eût à peine accordé quelques minutes d'attention. C'est d'ailleurs une affaire de bien peu de temps sans doute pour savoir lequel des deux peuples se trompe.

Mais celui de ces peuples qui était venu à Bétheny a en vérité des dons biens rares et même tout à fait exceptionnels à cette heure et dans le monde. Autour de ce spectacle, s'étaient assemblés certains jours un quart de million d'hommes. On peut scruter attentivement les journaux sans y trouver la trace d'une rixe sanglante, d'un choc aggressif ou même d'un accès de mauvaise humeur généralisé. Cette mobilisation, qui équivaut à celle d'une grande armée de première ligne, s'est faite avec une facilité à laquelle nul ne pense ; il nous semblerait seulement choquant qu'il n'en fût pas ainsi : voilà pour les chemins de fer. D'autre part, pour avoir été réalisée dans un temps si court, l'organisation même des épreuves et l'accueil qui a été réservé à cet afflux d'humanité a dépassé tout ce qu'on pouvait attendre.

Tout cela s'est fait avec une aisance et une gaieté dont il n'était même pas permis d'avoir l'idée préconçue. Mais il ya encore autre chose.

Réfléchissez en effet à ce phénomène, si étonnant en apparence chez ces individualistes effrénés que sont devenus les Français. Ces deux cent cinquante mille hommes, épandus autour d'une piste dont il faudrait trois heures pour faire le tour à pied, communiquaient à peine les uns avec les autres, ils n'étaient pas groupés, amalgamés, comme ordinairement une foule dans un théâtre ou une place publique, ils ne pouvaient pas se griser et se surexciter par contact ; pourtant ils pensaient tous la même chose, ensemble, au même moment. Ce qui est plus singulier encore, personne, contrairement à l'habitude chez nous, ne faisait appel à l'ironie pour dominer son émotion. Dans cette émotion, avec une espèce de discrétion et de réserve aristocratiques dont les masses déjà très affinées de notre pays sont seules, je crois, capables, il y avait du patriotisme. Mais on eût dit aussi d'un sentiment religieux.

Ces deux cent cinquante mille humains avaient l'air d'éprouver une espèce d'encouragement à vivre et à espérer, ils en avaient de la fierté, ils se prolongeaient dans l'avenir, songeant : « Demain sera plus beau qu'aujourd'hui, à cause de ce qu'on verra dans le ciel. »

Si on veut méditer là-dessus un instant, on verra que cette conception a presque été jusqu'ici caractéristique des religions.

... En vérité, c'est comme s'il y avait des spectacles prédestinés à ces grandes plaines de la Champagne. Elles ont vu la fusion définitive des plus vieux habitants du sol, avec les nouveaux venus, Latins et Francs ; et ils chassèrent Attila et ses barbares venus de l'Est. Elles ont vu arriver, bardée de fer, une vierge qui venait y faire sacrer plus qu'une dynastie nationale, une nation. Et je me souviens aussi, dans ce même lieu et dans des temps plus proches, d'une revue qui symbolisa le succès d'un long effort commun. Le sentiment populaire, c'est qu'on vient d'y célébrer un grand triomphe humain.

Pierre MILLE.

Annexes

Liste des Membres du Groupe de l'Aviation au Sénat

Présidents d'Honneur :

MM. de Freycinet,
Léon Bourgeois.

Président :

M. d'Estournelles de Constant.

Vice-Présidents :

MM. le Général Langlois,
Dr E. Reymond (Loire).

Questeurs :

MM. Bonnefoy-Sibour, Th. Girard, L. Tillaye.

Membres Adhérents :

MM.

Aimond, Comte d'Alsace, Ancel, Aubry, Audiffred. Barbaza, Barbier, Basire, Bassinet, Pierre Baudin, Beaupin, Bepmale, Alexandre Bérard, Berger, Bersez, Besnard, Bienvenu-Martin, Blanchier, Bodinier,

Boissier, Boissy-d'Anglas, Boivin-Champeaux, Bonnefoy-Sibour, Bony-Cisternes, Borne, Boucher, Boudenoot, Bourganel, Léon Bourgeois, Antide Boyer.

Catalogne, Cauvin, Jules Cazot, Chabert, Chambige, Charles-Dupuy, Francis Charmes, Chaumié, Chautemps, Cicéron, Jean Codet, Cordelet, Copnet, Baron de Courcel, Courrégelongue, Couyba, Crépin, Vice-Amiral de Cuverville, Cuvinot.

Danelle-Bernardin, Daniel, Darbot, Daudé, H. David, Decrais, Defarge, Dellumade, Delhon, Delobeau, Delpech, Denoix, Destieux-Junca, Dufoussat, Dupont, Dusolier, César Duval.

Comte d'Elva, Empereur, Ermant, d'Estournelles de Constant.

Faisans, Ferdinand-Dreyfus, Fessard, Fiquet, Flaissières, Forsans, Fortier, Fortin, de Freycinet.

Gabrielli, Gacon, Gassis, Gaudin de Villaine, Gauthier (Aude), Gauvin, Genet, Genoux, Gentilliez, Albert Gérard, Gervais, Giacobbi, Théodore Girard, Gobron, Gomot, Comte de Goulaine, Gravin, Grimaud, Grosjean, Eugène Guérin, Guillier.

Halgan, Hayez, Huguet, Ch. Humbert.

Vice-Amiral Comte de la Jaille, Jeannenay, Jénouvrier, Jouffray.

Labbé, Labiche, de Lamarzelle, Général Langlois, de Las-Cases, Maxime Lecomte, Le Cour Grandmaison, Alexandre Lefèvre, Lemarié, Le Roux, Honoré Leygues, Limousin-Laplanche, Louis Blanc, Lourties, Lozé.

Magnien, Magnin, Maillard, Maquennehen, Mascuraud, Maurice-Faure, Mazière, Gaston Menier

Général MERCIER, MÉZIÈRES, MILLAUD, MIR, MOLLARD, MONFEUILLARD, MONIS, MONNIER, Vicomte DE MONTFORT.

NOËL.

OBISSIER SAINT-MARTIN, OLLIVIER, OURNAC.

PARISSOT, PAULIAT, PÉDEBIDOU, PÉLISSIER, Antoine PERRIER, PEYROT, PEYTRAL, PHILIPOT, Louis PICHON, PIC-PARIS, PINAULT, PIOT, Raymond POINCARÉ, POIRRIER, POIRSON, PORIQUET, POULLE.

RAMBOURGT, RANSON, RATIER, RAZIMBAUD, RENAUDAT, REY, Emile REYMOND, REYMONENQ, RIBOT, RINGOT, RIOTTEAU, Gustave RIVET, ROUBY, ROUSÉ, Maurice ROUVIER, Paul ROUVIER.

SABATERIE, SAINT-GERMAIN, SAUVAN, SCULFORT, DE SELVES, STRAUSS, SURREAUX.

THOUNENS, TILLAYE, Georges TROUILLOT, TRYSTRAM.

VAGNAT, VALLÉ, VELTEN, VERMOREL, VIDAL DE SAINT-URBAIN, VIGER, VILLE, VISEUR.

WADDINGTON.

Secrétariat :

M. TROUBAT, *trésorier*, (à la Direction du Matériel).

M. BERGER, *secrétaire.*

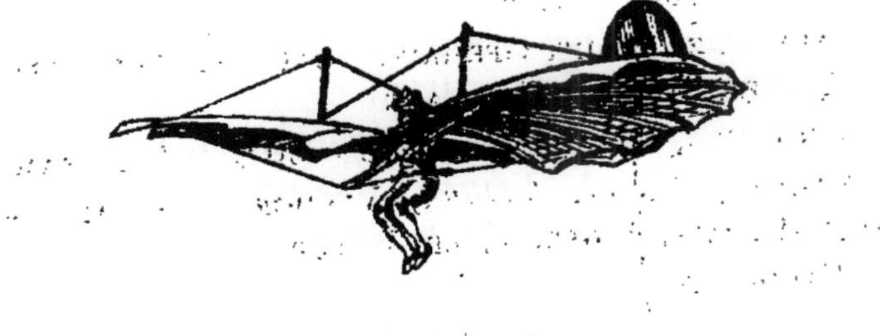

Liste des Membres du Groupe de la Locomotion aérienne à la Chambre des Députés

au 20 Février 1909

Président :

M. Hector DEPASSE.

Vice-Présidents :

MM. JOLY (Antony), LEBOUC (Charles), STEEG, MESSIMY.

Secrétaires :

MM. GODARD, BESNARD, Félix CHAUTEMPS, DALIMIER.

Questeur :

M. PAJOT.

Membres Adhérents :

MM.

ADIGARD, Albert POULAIN, ARGELIÈS, AURIOL.

BACHIMONT, BANSARD DES BOIS, BERGER Georges, BERTEAUX, BESNARD, BINET, BOURÉLY, BRETON J.-L., BUISSON Ferdinand, BUSSAT, BUTIN.

CACHET, CÈRE, CHAMBON, CHANDIOUX, Charles LEBOUCQ, CHASTENET, CHAUTARD, CHAUTEMPS Alphonse, CHAUTEMPS Félix, COCHERY Georges, CORNAND, COSNARD, COSNIER, COUESNON.

DALIMIER, DANSETTE, DEJEANTE, DELCASSÉ, DELONCLE François, DESFARGES, DESPLAS, DE DION, DOUMER, DREYT, DUBOIS, DUPUY Pierre, DUTREIL.

Emile CHAUVIN, Emile MERLE, EUZIÈRE.

FITTE, FLANDIN Ernest, FLEURENT, FORCIOLI.

GIOUX, GODART, GUILLEMET.

HAUËT, Hector DEPASSE.

JAURÈS, JANET, JOLY.

KRANTZ.

LABORI, LANIEL, LARQUIER, LE CHERPY, LENOIR, LESAGE, LEVRAUD, Louis DREYFUS.

MALVY, MASSABUAU, MÉQUILLET, MESLIER, MESSIMY, MICHEL Henri, MONS, MUTEAU.

NORMAND.

PAJOT, Paul MEUNIER, PÉCHADRE, PÉRONNET, PETITJEAN, PLISSONNIER, POZZI, PUGLIESI-CONTI.

RAVIER, REINACH Joseph, REINACH Théodore, RENARD, RÉVEILLAUD, RIGAL, ROBLIN, ROY Maurice.

SANTELLI, SARRAUT Albert, SCHMIDT, SEMBAT, SIEGFRIED, STEEG.

VIGIER.

ZÉVAÈS.

Secrétaire-adjoint :

M. PÉCHEUX, attaché à la Questure de la Chambre des Députés.

TABLE DES MATIÈRES

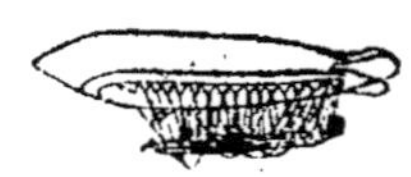

II

La traversée de la Manche en aéroplane

III

La Grande Semaine de Reims

Le journal de M. Paul Rousseau

IV

Les Deuils

V

Nouveaux triomphes ✧ *Vues d'avenir*

VI

Les progrès de l'Allemagne

VII

La manifestation du 10 Novembre au Sénat

Conclusion

Annexes

TABLE DES GRAVURES

La traversée de la Manche

La Grande Semaine de Reims

*

Les Deuils

Nouveaux triomphes ✢ Vues d'avenir

✻

Les progrès de l'Allemagne

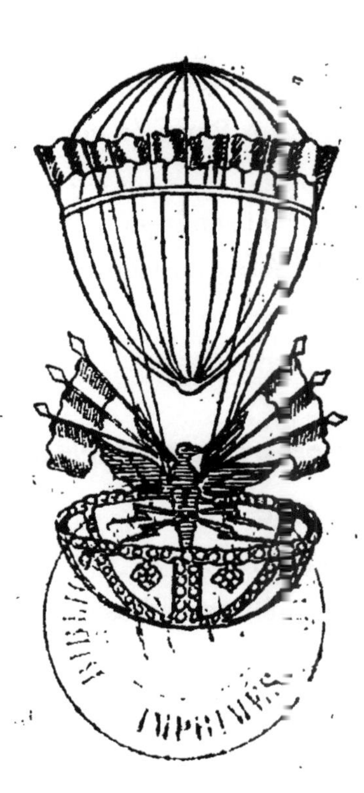

PROGRAMME

du Groupe Sénatorial de l'Aviation

Texte adopté par le Groupe dans sa séance du Jeudi 26 Novembre 1908

Le programme du groupe de l'aviation au Sénat ne peut être encore que provisoire; dès à présent son champ est vaste, il a notamment pour objet de réunir, sans distinction d'opinions, les membres de la Haute Assemblée convaincus de l'utilité de développer en France les progrès de la locomotion aérienne et d'encourager la création, dans notre pays, d'une industrie intéressant, en même temps que la science et la civilisation, notre production, notre commerce, notre défense nationale et nos relations extérieures.

Le groupe accueillera, avec la plus complète impartialité tous les efforts, toutes les bonnes volontés qui se manifesteront dans cette voie.

Une commission spéciale sera chargée d'examiner, de transmettre et de recommander, s'il y a lieu, aux ministères compétents les demandes et propositions dont il sera saisi. Elle étudiera les questions nouvelles que soulèvent les applications de la locomotion aérienne, législation nationale et internationale, réglementation, etc.

Elle déterminera les interventions qui lui parattront

opportunes en vue de réserver l'avenir, notamment en ce qui concerne les terrains d'atterrissage qu'il est déjà temps de prévoir.

Le groupe convoquera dans sa première séance, et le plus souvent possible par la suite, les aéronautes et les aviateurs que son bureau désignera pour mettre ses membres au courant des progrès obtenus dans l'état actuel de la science et des progrès en perspective. Ces conférences techniques pourront être accompagnées de projections.

Il organisera, d'accord avec les associations privées existantes, des visites aux divers champs d'expériences d'aviation.

Il s'efforcera d'obtenir du gouvernement ou des municipalités les facilités désirables pour ces expériences.

Il publiera, s'il y a lieu, un bulletin donnant le compte rendu de ces diverses manifestations.

PROGRAMME

du Comité de Défense des Intérêts nationaux

◆ ◆ ◆

Quiconque en France travaille, savant, artiste, ouvrier, agriculteur, industriel ou commerçant; quiconque aspire à la pacification des esprits et au relèvement de notre activité nationale, est prié de lire et de faire lire le programme suivant, développé par le Président du Comité, dans une lettre au *Temps* le 10 mars 1901. A ce programme, sont joints un certain nombre des témoignages d'adhésion recueillis par le Comité (1), ainsi qu'un exposé sommaire des premiers résultats déjà acquis; résultats très appréciables si l'on considère que chaque conférence laisse derrière elle des germes et sert de thème à nombre d'articles, de leçons et de discussions locales qui en multiplient la répercussion dans tout le pays. Une seule conférence serait inutile tandis qu'un concert général, une obsession de conférences doit provoquer infailliblement une orientation nouvelle de l'opinion.

---

(1) Adhésion de M. le Président de la République et de tous les Ministres intéressés.

Paris, 1er Février 1901.

Monsieur,

La moitié de mon existence, passée à l'étranger, m'a permis de constater que la France est à la fois mieux douée et plus mal servie que la plupart de ses voisins. Ses richesses naturelles et historiques, son climat, son sol ses rivières, ses chutes d'eau, ses stations thermales et hivernales, ses plages si variées, ses régions les plus célèbres, les ressources de son avenir comme les souvenirs de son passé, tout ce qui fait son charme et son prix, tout ce qui pourrait faire sa force et sa fortune, tout cela est si mal exploité qu'elle perd peu à peu sa supériorité, sa population, sa clientèle.

La France souffre moralement et matériellement de ce déclin momentané.

Matériellement, la vie est dure. Tout le monde ne peut être fonctionnaire, toucher une rente ou une pension de l'Etat. La dépopulation, l'alcoolisme s'accentuent et resserrent encore le cercle qui nous étreint.

Moralement, la France cesse d'être souriante, et ses enfants s'entredéchirent. Elle souffre d'autant plus qu'elle mesure les progrès de ses voisins : la Belgique, la Suisse, l'Allemagne; de ses rivaux, même les plus éloignés, depuis l'Amérique jusqu'au Japon. Paralysée par ses charges croissantes et sa routine, se voyant menacée, dépassée de toutes parts, elle s'aigrit contre tout le monde et contre elle-même. En vain, essaye-t-on de lui chercher une diversion dans les excès d'une expansion coloniale trop dispersée pour être rémunératrice : elle y trouvera des débouchés, sans doute, mais, en même temps, un surcroît de dépenses, des causes de complications et de conflits qui l'obligeront à augmenter, au-delà du possible, ses budgets de la guerre et de la marine, au détriment des autres services publics et de la bonne administration des ressources nécessaires à sa prospérité. Elle marche donc à l'appauvrissement, à la révolte et à la guerre.

Est-ce à dire qu'il faille désespérer de la France? Non. Le remède est en elle. Il faut le lui démontrer. Il faut en appeler à elle-même. L'action gouvernementale est impuissante à réveiller son initiative. Il faut parler à l'opinion; lui montrer le danger pressant et le remède. Tout nous y invite. Il est temps. L'heure est venue. Le public est prêt à entendre, et ceux qui peuvent lui parler sont prêts à se mettre en route et à commencer leur apostolat.

Oui, les uns sont prêts à parler, les autres sont prêts à entendre.

Depuis six ans que je suis rentré en France, j'en ai fait systématiquement l'épreuve : je suis allé signaler le péril de la concurrence, la nécessité de notre réveil national, la nécessité de la concorde, non seulement entre les hommes d'un même pays, mais entre les peuples d'une même race. Partout, de Nancy à Bordeaux, de Marseille à Nantes, à Tours, à Laval, au Mans, à la Rochelle, à Angers, de Paris à Poitiers, à Lyon, à Blois, à Toulouse, à Reims, etc., etc., j'ai trouvé le public, sans distinction de classes, attendant le réveil, appelant l'union, le travail fécond dans la paix. Mais je ne puis continuer à moi seul cette campagne, à mesure qu'elle se développe. Mes forces, mon temps, mes ressources n'y suffiraient plus. Et d'ailleurs, beaucoup d'autres Français pensent comme moi. J'ai trouvé, pour donner à cette agitation économique toute la variété et tout l'intérêt qu'elle comporte quelques hommes d'élite, sans ambition politique, agrégés de l'Université, orateurs, écrivains, voyageurs qui reviennent de faire le tour du monde, tous également riches d'observations, à la fois sur les entreprises de nos rivaux et sur les moyens de nous défendre.

J'ai proposé à ces observateurs, afin que leur expérience ne soit pas perdue pour la France comme pour eux-mêmes, de s'organiser pour en répandre le plus possible le bienfait en constituant notre Comité de Défense des Intérêts Nationaux.

J'ai trouvé, je dois le dire, le plus grand encouragement dans l'ordre matériel et moral pour la réalisation de ce projet. Sans distinction d'opinion, d'éminentes personnalités y ont aidé, dans les milieux les plus divers et en apparence les plus opposés, à Paris et en province, au Parlement et à l'Académie française, à l'Académie de médecine, à l'Institut, au Ministère des Travaux publics, du Commerce, de l'Agriculture, de l'Instruction publique, dans l'Université comme dans l'Armée, toutes deux si gravement menacées par la perspective de notre appauvrissement; même accueil chez un grand nombre de Municipalités, de Chambres de Commerce, d'Associations industrielles et agricoles; égales sympathies auprès du patron et de l'ouvrier, dans les Syndicats de toutes sortes, Bourses du Travail, Universités populaires, Associations de petits propriétaires, négociants, employés, producteurs et consommateurs, hôteliers, voyageurs, mariniers, voituriers, comités régionaux ou locaux d'initiative, etc., etc., Partout j'ai trouvé des foyers vivants, mais épars, considérés comme inutiles ou dangereux parce qu'on ne sait pas s'en servir. Donner à toutes ces forces la conscience de la solidarité qui doit les unir; communiquer par la parole à chaque région de la France, puis à la France entière, une ambition économique, un programme, un but; apporter à toutes ces bonnes volontés, à ces énergies qui languissent un aliment; les empêcher de se ronger intérieurement ou de s'entredétruire en les faisant participer toutes ensemble à une même œuvre, au service de l'intérêt général bien compris, auxiliaire de l'intérêt local et personnel, oui, là est le salut, la source de régénération et d'apaisement. Et c'est ce que chacun a compris. La Ligue de l'Enseignement, à elle seule, m'a voté pour cette première année une subvention de dix mille francs. D'autres souscriptions importantes me sont venues de nos principales villes françaises. L'ensemble de ces dons, déposé directement chez M. A. Kahn, banquier, 102, rue Richelieu, à Paris, suffit déjà pour nous permettre de commencer notre première campagne.

Nos conférences seront publiques et gratuites; la politique en sera strictement exclue; elles ne comporteront pas l'allusion la plus lointaine à nos divisions intérieures; et même sur le terrain économique, ne réclamant pas plus un retour aux doctrines absolues du libre-échange qu'une recrudescence de protectionnisme, nous éviterons les étiquettes, les vaines formules de panacée. Aucune partie de la France ne sera négligée. Nous commencerons par une première tournée de cent conférences.

Dans le Nord et dans l'Est, nous invoquerons l'exemple de nos voisins, tant au point de vue de la bonne organisation des transports qu'en ce qui touche l'exploitation scientifique de nos ressources agricoles, industrielles et minières.

Dans le bassin de la Seine et surtout dans ceux de la Loire, de la Garonne et du Rhône, nous ferons ressortir les dangers du déboisement des sources de nos rivières et la nécessité de tirer un meilleur parti de notre admirable réseau de navigation intérieure et d'irrigation, pour développer notre production, nos échanges, rendre la vie à des centres devenus peu à peu inaccessibles et ruinés. Dans les Alpes, dans le Jura, dans le Massif Central, dans les Pyrénées, partout où la nature accumule des trésors de forces, nous signalerons aux populations la valeur trop souvent encore vierge de nos glaciers, de nos torrents et de nos chutes. Nous appuierons de tous nos efforts l'action si intéressante des syndicats qui ne demandent qu'à naître, et dont plusieurs, déjà en pleine activité, nous serviront d'exemples et de modèles. Dans les régions privilégiées où abondent les stations thermales ou climatériques, les sites pittoresques ou historiques si recherchés des malades et des surmenés (aujourd'hui surtout que l'automobile et la bicyclette ouvrent aux tourises tant d'horizous nouveaux), nous ferons comprendre qu'il ne tient qu'à nous d'attirer par millions les voyageurs, au grand avantage de l'Agriculture et de l'Industrie qui les approvisionnent, des hôtels ou des propriétaires qui les logent, des entreprises de chemin de fer, de bateaux et de voitures qui les transportent, etc., etc. Nous montrerons comment, avec une organisation plus méthodique, une meilleure hygiène, une conception plus savante et plus moderne de ses intérêts, la France pourrait se relever, redevenir riche, prospère, et par conséquent forte ; comment il n'est pas un point de son territoire dont on ne pourrait faire demain un centre d'activité et d'attraction. L'année prochaine, enhardis par le succès et par l'expérience, nous doublerons le nombre de nos conférences, et ainsi de suite, jusqu'à ce que nous ayons éveillé partout l'intérêt; en même temps nous entreprendrons une série de conférences complémentaires à l'étranger, et toujours en français, pour entretenir le plus loin possible, jusqu'en Amérique et en Australie, la bonne réputation de notre pays, combattre les efforts de nos rivaux et multiplier le nombre de nos clients et de nos amis.

Parmi les hautes personnalités qui patronnent notre œuvre, il en est plusieurs qui ont bien voulu consentir à présider avec moi un certain nombre de ces conférences et à prendre la parole : nous solliciterons tous les concours pouvant donner le plus d'autorité et en même temps le plus d'attrait possible à nos réunions : nous y appellerons non pas par centaines, mais par milliers les auditeurs.

Quant au choix des conférenciers, je l'ai fait sous ma responsabilité et en m'inspirant de l'expérience des hommes qui connaissent le mieux toutes nos ressources à cet égard.

Voici la première lise des conférenciers pour cette année 1901 :

M. Georges Blondel, professeur à l'Ecole des hautes Etudes Commerciales, à Paris, chargé de nombreuses missions à l'étranger et auteur d'ouvrages connus sur le développement économique de l'Allemagne.

M. Jules Cels, professeur agrégé de mathématiques à Paris, organisateur de nombreux et importants syndicats de transports agricoles.

M. Colrat, avocat au barreau de Paris, auteur de remarquables études économiques.

M. Gaston Deschamps, agrégé de l'Université, publiciste et conférencier, (actuellement en tournée de conférences aux Etats-Unis).

M. Hauser, professeur de Faculté, auteur d'un très grand nombre de conférences économiques.

M. Hovelacque, professeur agrégé, chargé d'une mission d'études autour du monde.

M. Métin, agrégé de l'Université, chargé d'une mission d'études autour du monde.

M. Ed. Petit, inspecteur général de l'Université, auteur d'un grand nombre de conférences d'éducation sociale.

M. Rossignol, professeur agrégé d'histoire et de géographie, conférencier et secrétaire général du Comité de la Garonne navigable.

M. Schwob, auteur du livre sur le « Danger allemand », conférencier et secrétaire général du Comité de la Loire navigable.

J'ai besoin de tous les concours pour mener à bien cette œuvre qui intéresse la France entière; je sais que je puis compter sur le vôtre; je vous en remercie à l'avance, en vous priant d'agréer, etc.

D'ESTOURNELLES DE CONSTANT.

“ Pro Patria per orbis Concordiam ”

PROGRAMME

de la

Conciliation Internationale

* * *

Le véritable patriotisme consiste à bien servir son pays. Il ne suffit pas d'être toujours prêt à le défendre; il faut aussi lui éviter les difficultés, les charges inutiles, et développer dans la paix ses forces ses ressources, sa clientèle. Stimuler son activité intérieure à la faveur de ses bonnes relations extérieures, tel a été notre double programme, poursuivi sans esprit de parti depuis dix ans, par une éducation méthodique de l'opinion.

Dans cette entreprise qui sembla d'abord chimérique, nous avons été soutenus par des sympathies décisives dans toutes les classes, dans tous les pays, par les représentants éminents de la politique et de la science, par les Parlements, les Pouvoirs Publics, les Universités, les Conseils Généraux et Municipaux, les Chambres de

Commerce, les Associations de Travail, de Paix, de Progrès, en Europe et en Amérique, où il n'est pour ainsi dire pas un chef d'Etat qui ne se soit montré favorable à notre action.

Déjà des résultats sont acquis; les préjugés contre l'étranger disparaissent; les peuples découvrent qu'en face des transformations du progrès et des assauts de la concurrence universelle, ils ont tout à perdre en des antagonismes qui les épuisent, tout à gagner en s'associant, comme les individus, par des concessions mutuelles, dans une coopération qui fortifie leur indépendance et leur personnalité. Les bénéfices d'une évolution si nouvelle se chiffrent par millions, et par de nombreuses facilités dans la pratique des échanges. Commerçant, Agriculteur, Industriel, Artiste, Savant, Ouvrier, Patron, quiconque travaille en profite; chacun demande que ce changement devienne définitif. Telle est la seconde partie du problème qui reste à résoudre.

Le plus difficile est déjà fait. Ce n'est pas un entraînement sentimental qui a déterminé l'amélioration actuelle, c'est l'intérêt bien compris de chacun. Cette amélioration, il est vrai, n'a pas empêché de lamentables conflits; elle a seulement permis de les limiter. Le rapprochement Franco-Anglais a, peut-être, épargné au monde une guerre générale; et compterons-nous pour rien ces premiers traités d'arbitrage, instamment réclamés par nous et obtenus? Mais nous ne pouvons nous en tenir là; il faut prévoir les incidents, les retours en arrière et c'est pourquoi nous avons préparé notre organisation internationale. La voici dans ses grandes lignes :

1° Nous continuerons à poursuivre l'Education de l'opinion, comptant plus que jamais sur la collaboration des maîtres de l'Enseignement supérieur, secondaire, primaire et de tant d'institutions volontaires admirables, dont les représentants figurent parmi nos premiers adhérents. Nous échangerons entre les différents pays nos conférenciers pour propager les progrès, les découvertes, les innovations dont chacun et tous bénéficient.

2° Grâce à nos relations, nous serons en mesure de rectifier, le cas échéant, les informations inexactes ou tendancieuses propagées pour égarer l'opinion. Nos membres, renseignés et reliés entre eux, contribueront au maintien de la paix par leur influence sur l'opinion, sur la Presse, sur les Parlements et sur les Gouvernements eux-mêmes.

3° Nous multiplierons les relations entre Etrangers ; nous établirons le contact entre quantité d'individualités qui se cherchent mais qui s'ignorent et perdent dans l'isolement la plus grande partie de leur confiance et de leur force.

4° Nous continuerons à susciter des voyages, des visites internationales. Nous faciliterons les expéditions scientifiques.

5° Nous encouragerons la pratique des langues étrangères.

6° Nous continuerons à favoriser, en y ajoutant des garanties nouvelles, l'échange des enfants, des élèves, des professeurs, des ouvriers, des artistes, etc..., le placement des jeunes gens recommandables à l'étranger.

7° Un Bulletin périodique, en attendant une Revue Internationale dont la rédaction et la direction sont déjà prêtes, sera le complément naturel de ces différentes innovations et tiendra les adhérents au courant de l'activité générale du Comité.

8° Enfin, le moment venu, nous créerons, à Paris, pour commencer, ce qui manque à toutes les capitales, un foyer dont on peut prévoir les imposants développements et qui sera la Maison des Etrangers ; centre de réunions, de conférences, de congrès, d'auditions, d'expositions ; rendez-vous des initiatives du monde entier.

Ainsi notre Comité constituera, grâce à la seule initiative privée, le premier embryon de l'organisation nouvelle qui fait défaut au monde moderne, et sans laquelle le plus puissant, comme le plus faible des Etats ou des individus, n'est assuré d'aucun lendemain.

Si vous approuvez les vues qui précèdent et si vous jugez que les résultats déjà obtenus nous autorisent à en préparer de nouveaux, nous venons vous prier de vous joindre à nous.

D'ESTOURNELLES DE CONSTANT.

Paris, 29 Mars 1905.

GROUPE PARLEMENTAIRE FRANÇAIS

DE L'ARBITRAGE INTERNATIONAL

◆ ◆ ◆ ◆

Extrait du programme adopté dans la séance du 26 Mars 1903

. . . .

On affecte de croire que, nous, partisans de l'arbitrage, nous prétendons soumettre à cette juridiction toutes les questions et que, sous la menace même de l'invasion, au lieu d'appeler aux armes toutes les forces de la nation, nous irions, suppliants, demander des juges que notre agresseur refuserait !...

Il est temps de mettre les choses au point. Même isolées, les aspirations des partisans de l'arbitrage répondent si bien aux vœux de l'humanité qu'elles trouvent déjà de l'écho : mais elles seront irrésistibles aussitôt qu'elles seront groupées. Ce groupement s'accomplit dans tous les pays qui progressent. En France, il est déjà tardif. C'est pourquoi je vous ai proposé, Messieurs, de nous réunir ici, tous animés d'un même esprit, d'une bonne volonté vraiment patriotique et supérieure, oubliant ce qui nous divise pour ne songer qu'à ce qui nous unit, et de former un groupe composé de tous les députés favorables au développement de l'arbitrage.

Nous sommes ici pour dissiper toute équivoque, volontaire ou involontaire ; pour affirmer et pour démontrer que, loin d'être des rêveurs, des philosophes ou des « sans patrie », nous avons pleine conscience de notre devoir et de notre responsabilité, en poursuivant pour la France une politique aussi claire, aussi prudente, positive et pleine de promesses, que la politique actuelle de l'Europe est obscure, grosse d'équivoques et de dangers.

Nous sommes ici pour affirmer que nous n'oublions rien du passé, mais que nous pensons également à l'avenir. Nous ne voulons pas d'une paix humiliée et précaire. Nous ne voulons pas faire de la France, prématurément désarmée, une victime et une proie ; nous la voulons, au contraire, plus forte, moins exposée, et plus prospère qu'à l'heure actuelle.

Pour aboutir à un résultat positif, nous aurons soin de limiter rigoureusement notre tâche. La paix universelle et le désarmement simultané resteront à jamais des rêves si la science, la méthode la plus rigoureuse et la plus patiente ne s'appliquent pas à chercher, à trouver et à définir les moyens d'en hâter la réalisation. Déjà, on peut affirmer que le désarmement ne sera que le dernier terme de l'évolution pacifique. Entre ce dernier terme et nos aspirations présentes combien d'étapes successives restent à franchir, sans qu'on puisse en doubler aucune ? Nul ne pourra songer au désarmement avant d'avoir essayé, au préalable, l'effet d'une réduction progressive des armements : et cette réduction elle-même sera nécessairement précédée par la limitation, la non augmentation des armements. Mais cette limitation suppose déjà de grands changements dans les relations des Puissances et ces changements devront être consacrés par des traités. Ces traités, impliquant des échanges de concessions réciproques, motivées par le respect de la justice et par la conscience d'une solidarité nouvelle entre les divers Etats contractants, ne pourront être menés à bonne fin, ni même négociés, sans une pénétrante préparation de l'opinion. C'est cette période de préparation que nous avons à abréger le plus possible et c'est à quoi doit se limiter, quant à présent notre effort pour être efficace.

Ainsi compris, notre programme devient très simple, très net : nous n'avons qu'un but, généraliser la pratique de l'arbitrage international, amener les Gouvernements à résoudre raisonnablement et honorablement, non pas tous les conflits, mais le plus grand nombre possible de leurs conflits par les voies de droit ; étendre aux relations de peuple à peuple les progrès lentement mais définitivement obtenus déjà dans les relations d'homme à homme, de commune à commune, de province à province dans un même pays. Les moyens d'action ne nous manqueront pas pour arriver à ce résultat.

Nous commencerons par dresser la liste de tous les pays, et ils sont nombreux, avec lesquels nous pourrions signer sans inconvénient des conventions générales d'arbitrage, et nous soumettrons cette liste au Gouvernement, car *l'article 19 de la Convention de La Haye impose, à cet égard, une véritable obligation morale aux 26 Gouvernements signataires.*

Par l'entremise de nos amis de l'Union interparlementaire nous entretiendrons des rapports suivis avec les groupes analogues au nôtre à l'étranger.

Les Sociétés françaises d'arbitrage qui poursuivent avec tant d'abnégation leur œuvre souvent ingrate, en dehors du Parlement, pourront désormais s'appuyer sur nous, tout en nous prêtant leur concours, et régler leur propagande éducatrice d'après nos progrès. Leur action et la nôtre sur l'opinion d'une part, sur les pouvoirs publics d'autre part seront d'autant plus puissantes qu'elles seront mieux concertées et qu'il n'y aura plus ainsi aucune bonne volonté perdue dans cette voie.

Le Gouvernement, hésitant jusqu'à ce jour à exécuter ses engagements de La Haye, devra tenir compte de notre insistance, pour changer enfin d'attitude. *Nous verrons cesser ce scandale d'une Cour internationale d'arbitrage ostensiblement et solennellement ouverte par la volonté de tous, mais, en réalité, fermée par un retour tacite de ces mêmes volontés.*

Nous étudierons, le cas échéant et selon les circonstances, dans quelle mesure les prescriptions novatrices de l'article 27 pourront être observées et comment la grande idée française d'un *devoir international* pourra trouver peu à peu sa sanction dans le monde entier.

Ainsi la France, loin d'être humiliée, compromise ou affaiblie par son attachement au principe de l'arbitrage, y puisera au contraire une force, une source de prestige et d'autorité nouvelles ; elle ne laissera plus à la Répu-

GROUPE PARLEMENTAIRE FRANÇAIS DE L'ARBITRAGE INTERNATIONAL

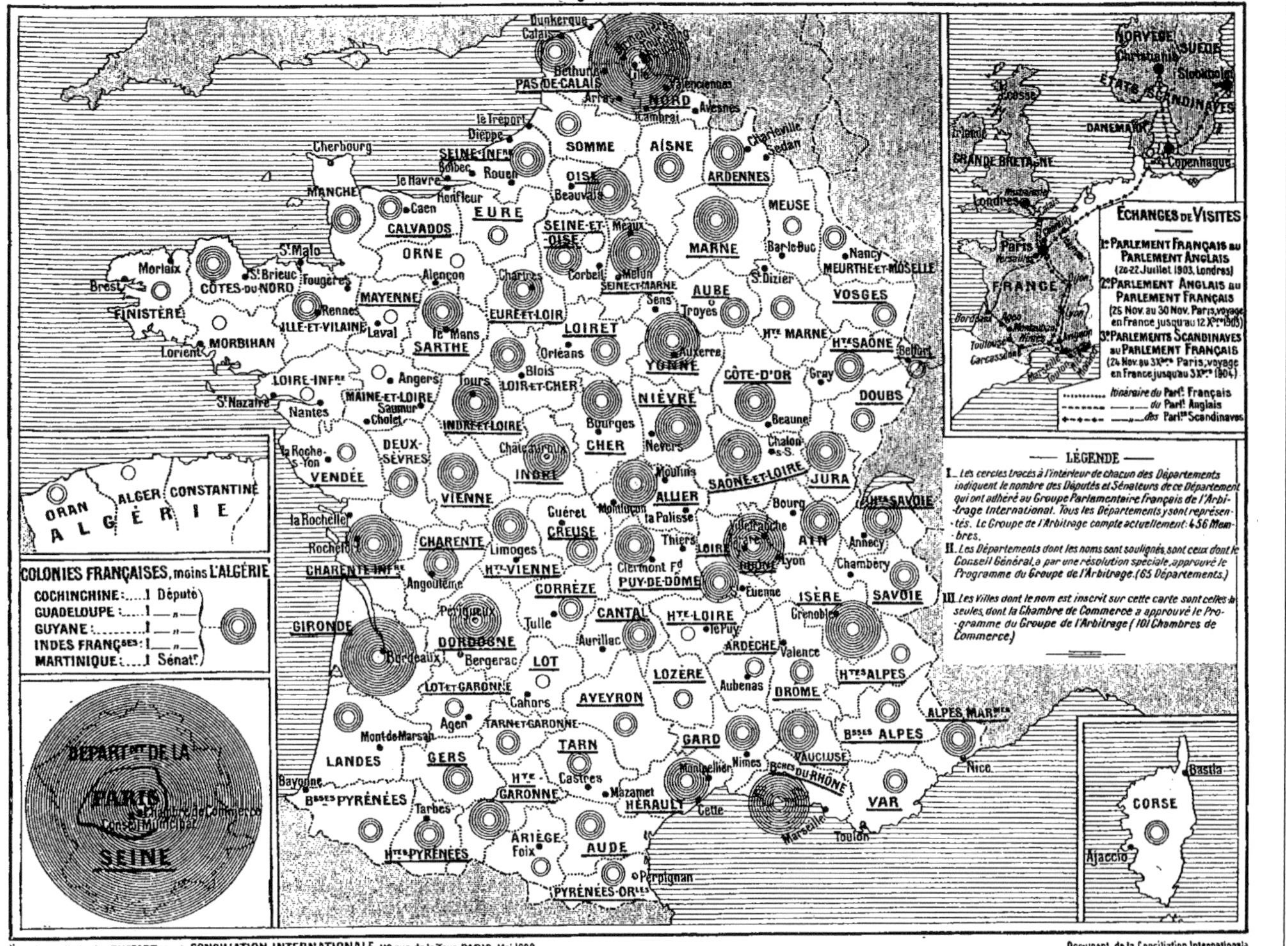

Étudié par Mr Charles DUFFART pour la CONCILIATION INTERNATIONALE, 119, rue de la Tour, PARIS, Mai 1908.

Document de la Conciliation Internationale

blique des Etats-Unis le privilège de donner seule son exemple à l'univers ; les autres nations Européennes ne tarderont pas à la prendre une fois de plus pour guide.

Nous pourrons nous honorer, Messieurs, d'avoir su comprendre l'élévation, le bienfait et la portée d'une telle mission. Nos fils, plus tard, nous sauront gré de ne pas l'avoir déclinée, car nous allègerons les difficultés qui s'accumulent pour eux à l'horizon.

BUREAU ET MEMBRES DU GROUPE

Présidents d'honneur

MM. M. BERTHELOT †, WALDECK-ROUSSEAU †, Léon BOURGEOIS, A. de COURCEL, E. LABICHE, Ch. de FREYCINET, Sénateurs.

Président Fondateur

M. d'ESTOURNELLES de CONSTANT, Sénateur.

Vice-Présidents

MM. BOUDENOOT, POIRRIER, Sénateurs ; de la BATUT, BAUDIN, BEAUQUIER, BERTEAUX, DUBIEF, FLANDIN, JAURÈS, G. MÉNIER, Députés.

Secrétaires et Membres du Comité d'Action

MM. Ph. BERGER, BIDAULT, BONNEFOY-SIBOUR, Sénateurs ; MM. AJAM, CHÉRON, CODET, CORDEROY, CORNET, COUYBA, GÉRALD, GODARD, GRILLON, JANET, LARQUIER, MESSIMY, VIGOUROUX, Députés.

Questeurs

MM. PEDEBIDOU, Sénateur ; PAJOT, Député.

Secrétariat permanent : Secrétaire général

M. JULES RAIS, Docteur en Droit, Sous-Chef du Service des Documents Parlementaires étrangers à la Chambre des Députés.

Secrétaires-Adjoints

MM. PIOGEY, Commis principal à la bibliothèque du Sénat ; PIERRE JAUDON, Docteur en Droit.

Trésorier

M. WOILLET, attaché à la Questure de la Chambre des Députés.

MM. les Sénateurs

BATAILLE, BEAUPIN, BELLE, BEPMALE, BÉRENGER, BERGER Philippe, BERSEZ, BÉZINE, BIDAULT, BIENVENU-MARTIN, BIZOT DE FONTENY, BLANCHIER, BOISSIER, BOIVIN-CHAMPEAUX, BOUDENOOT, BOURGEOIS Léon, BRUN Fernand.

CALVET, CAUVIN, CHABRIÉ, DE CHAMAILLARD, CHABERT, CHAUTEMPS Emile, COCULA, COMBES, DE COURCEL, COUYBA.

DAUMY, DAVID Henri, DECRAIS, DEFUMADE, DELHON, DELPECH, DESTIEUX-JUNCA, DUBOST Antonin, DUFOUSSAT, DUPONT Emile, DUPUY Jean, DUVAL.

ERMANT, D'ESTOURNELLES DE CONSTANT, EXPERT-BESANÇON.

FLAISSIÈRES, FORGEMOL DE BOSTQUÉNARD, FORICHON, DE FREYCINET.

GACON, GAUTIER (Aude), GAUVIN, GOIRAND, GOTTERON, GOURJU, GUÉRIN, GUILLIER.

HAULON, Ch. HUMBERT.

KNIGHT.

LABBÉ, LE CHEVALIER, LEGRAND, LEMARIÉ, LEYGUE Honoré, LEYGUE Raymond, LINTILHAC, LORDEREAU, LOZÉ.

Magnin, Mascuraud, Maureau Achille, Millaud, Milliès-Lacroix, Mollard, Monis.

Nègre, Noel.

Pams, Pédebidou, Pelissier, Petitjean, Peyrot, Peytral, Pic-Paris, Piettre, Pinault, Piot, Pochon, Poirrier, Potié, Prevet.

Ranson, Ratier, Reymond, Riotteau, Rivet, Rouby, Rouvier (Charente-Inférieure).

Saint-Germain (Oran), Sauvan, Strauss, Surreaux.

Tillaye, Trouillot, Trystram.

Vallé, Velten, Vidal de Saint-Urbain, Vinet.

Waddington Richard.

MM. les Députés

Aimond, Ajam, Aldy, Allard, Allemane, d'Alsace d'Hénin, Andrieu, Arago François, Aristide Briand, Armez, Astier, Augé, Authier, Aynard.

Babaud-Lacroze, Bachimont, Baduel, Balandreau, Balitrand, Ballande, Bar Fernand, Baron, Barthou, Baudet Ch., Baudet Louis, Baudin, Baudon, Beauquier, Bellier, Bénazet, Berger Georges, Berger Pierre, Bernard Abel, Berteaux, Berthet, Bertrand Lucien, Bertrand Paul, Besnard, Bezot, Blanc, Bouffandeau, Bourély, Bourrat, Bouttié, Bouveri, Bouyssou, Boyer Antide, Bozonet, Breton J.-L., Brousse Emmanuel, Brousse Paul, Brunard, Buisson Ferdinand, Bussière, Butin, Buyat.

Caillaux, Camuzet, Capéran, Carlier, Carnaud, Carnot François, Cazauvieilh, Cazeaux-Cazalet, Cazeneuve, Ceccaldi, Cère, Chaigne Chambige, Chambon, de Chambrun, Chamerlat, Chanal, Chandioux, Chapuis (Meurthe-et-Moselle), Chapuis (Jura), Charpentier, Charonnat, Chastenet, Chaumeil, Chaumet, Chaumié Jacques, Chaussier, Chautard, Chautemps Alphonse, Chautemps Félix, Chauvière, Chauvin Emile, Chavet, Chavoix, Chenavaz Chéron, Chion-Ducollet Chopinet,

CIBIEL (Vienne), CLAMENT, CLÉMENTEL, CODET, COLIN, COLLIARD, COMBROUZE, CONSTANS Paul, CONSTANS Emile, CORDEROY, CORNAND CORNET Lucien, COSNARD, COSNIER, COUDERC, COULONDRE, COUTANT Jules, CRUPPI.

DALIMIER, DANSETTE, DAUTHY, DAUZON, DAVID Fernand, DEBAUNE, DECKER-DAVID, DEFONTAINE, DEJEANTE, DELAUNAY, DELAUNE, DELBET, DELÉGLISE, DELELIS-FANIEN, DELONCLE Charles, DELONCLE François, DELORY, DELPIERRE, DEMELLIER, DEPASSE Hector, DERVELOY, DESCHANEL, DESFARGES, DESPLAS, DESSOYE, DEVÈZE, DONADÉÏ, DOUMERGUE, DRELON, DREYT Gaston, (Hautes-Pyrénées), DRON, DUBIEF, DUBOIS, DUFOUR J., DULAU, DUMONT Louis, DUMONT Charles, DUNAIME, DUPUY Pierre, DURRE Henri, DUSSAUSSOY, DUTREIL.

EMPEREUR, EUZIÈRE.

FAILLIOT, FAVRE, Fernand BRUN, FÉRON, FERRERO, FIEVET, FITTE, FIQUET, FLANDIN Étienne, FLEURENT, DE FOLLEVILLE (DE BIMOREL), FORCIOLI, FORT, FOURNIER, FOY, FRANCONIE.

GABRIELLI, GAVINI, GENTIL, GÉRALD, GÉRARD-VARET, GÉRAULT-RICHARD, GERVAIS, GHESQUIÈRE, GIOUX, GODART Justin, GODET, GOUJAT, GOURD, GOUZY, GRILLON, GROSDIDIER, GROUSSIER, GUERNIER, GUESDE, GUIEYSSE, GUILLEMET, GUISLAIN, GUYOT-DESSAIGNE.

HALLEGUEN, HAUET, HÉMON, HUBERT, HUGON.

D'IRIART-D'ETCHEPARE, ISOARD.

JANET, JAURÈS, JEANNENEY, JOLY (Antonny), JOURDE, JOYEUX-LAFFUIE, JUDET.

DE KERGUÉZEC.

DE LA BATUT, LABORI, LACHAUD, LACOMBE Daniel, LAFFERRE, LAGASSE, LAROCHE, LARQUIER, LASSALLE, LA TREMOILLE, LAURAINE, LAURENT, LEBOUC, LECHERPY, LEDIN, LEFÈVRE Abel, LEFFET, LEFORT, LÉGLISE, LEMAIRE, LEMIRE, LENOIR, LEROY Modeste, LE ROY

Alfred, LESAGE, LEVRAUD, LHOPITEAU, LOUIS-DREYFUS, LOUP.

MAGNAUD (le Président), MAGNIAUDÉ, MAHIEU, MAILLE, MANDO, MARUÉJOULS, MASSÉ, MAUJAN, MELIN, MENIER Gaston, MÉQUILLET, MERCIER, MERLE Emile, MESLIER, MESSIMY, MESSNER, MEUNIER Paul, MICHEL Henri, MILLERAND, MILLIAUX, MINIER, MOREL Victor, MOUGEOT, MULAC, MUTEAU.

NICOLAS Leandre, NICOLLE C., NORMAND, NOULENS.

OLLIVIER, OSSOLA.

PAJOT, PASQUAL, PASTRE, PÉCHADRE, PELISSE Paul, PELLETAN, PÉRET, PÉRIER Germain, PÉRONNEAU, PÉRONNET, PETITJEAN, PEUREUX, PICHERY, PINAULT, POISSON Pierre, PLISSONNIER, PONSOT, POULAIN Albert, POULLAN, POURTEYRON, POZZI, DE PRESSENSÉ, PUECH.

RABIER, RAJON, RAULINE, RAVIER, RAYNAUD, RAZIMBAUD, RENARD, RENOULT René, RÉVEILLAUD, RÉVILLE Marc, RIBIÈRE, RIGAL, ROBLIN ROCH, ROUANET, ROUGIER, ROUZÉ, ROY Henri, ROY Maurice (Charente-Inférieure), ROZIER, RUAU.

SABATERIE, SAINT-MARTIN, SALIS, SANDRIQUE, SARRAUT, SARRAZIN, SAUZÈDE, SCHMIDT, SCHNEIDER Charles, SEMBAT, SIEGFRIED, SIMONET, SIMYAN, SIREYJOL, STEEG, SURCOUF Robert.

THIERRY J., THIERRY-CAZES, THIVRIER, TORCHUT, TOURGNOL, TOURNIER Albert, TREIGNIER, TROUIN.

VACHERIE, VAILLANT, VALLÉE, VARENNE, VAZEILLE, VEBER Adrien, VIDON, VIGNE Octave, VIGOUROUX, VILLAULT-DUCHESNOIS, VILLEJEAN, VIOLETTE, VIVIANI.

WALTER, WILLM.

ZÉVAÈS.

UN RÉSULTAT DE LA CONFÉRENCE DE LA HAYE

Carte présentée par le Ministère des Affaires étrangères de France à l'Exposition de Londres (*Mai-Octobre 1908*)

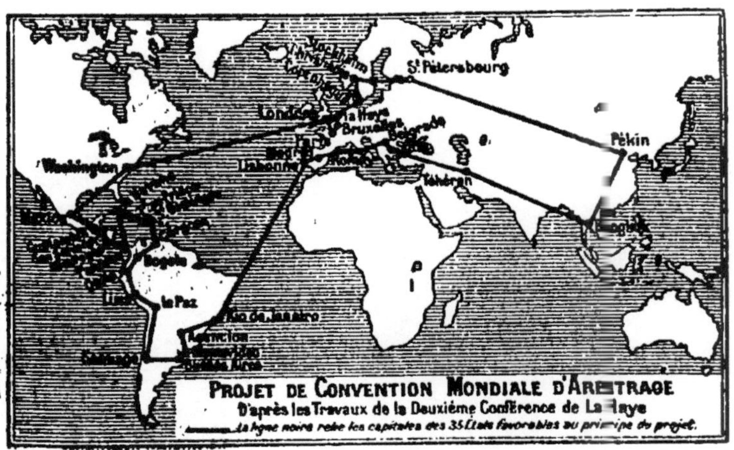

Édité par la CONCILIATION INTERNATIONALE, 119, rue de la Tour, Paris.

A la première Conférence de La Haye, en 1899, le principe de l'Arbitrage Obligatoire avait été posé mais écarté, faute d'une majorité pour le soutenir.

A la deuxième Conférence, en 1907, le même principe, posé de nouveau, est accepté cette fois par 35 Puissances sur 44 Puissances représentées.

Cette majorité, composée de toutes les Républiques Américaines et des États dont les capitales sont reliées entre elles sur cette carte, représente un milliard 285 millions d'habitants et constitue pour la première fois le bloc de la justice internationale et de la paix dans le Monde. La minorité composée de 5 opposants : l'Allemagne, l'Autriche-Hongrie, la Roumanie, la Grèce et la Turquie ; plus 4 abstentions : le Japon, la Suisse, le Monténégro et le Luxembourg, représente 222 millions d'habitants, soit un sixième de la majorité. — Encore les oppositions ou les abstentions ont-elles été motivées par des considérations d'opportunité et non *d'hostilité systématique*.

Il est donc vraisemblable que la troisième Conférence verra tous les États s'unir sans exception par un traité mondial d'arbitrage, comme ils le sont déjà par la convention postale universelle.

LA FLÈCHE. — IMPRIMERIE CHARIER-BEULAY.

PROJET
DE
CONVENTION UNIVERSELLE D'ARBITRAGE OBLIGATOIRE
ÉLABORÉ PAR LA DEUXIÈME CONFÉRENCE de LA HAYE
Repoussé par 5 Puissances sur 44, adopté par 35 et 4 Abstentions
(Séance du 5 Octobre 1907)

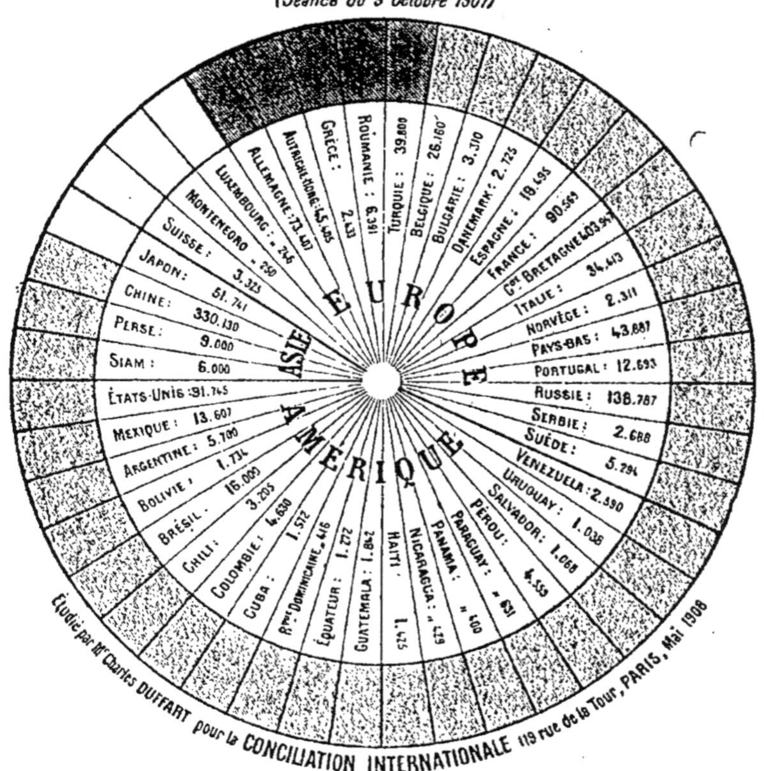

LÉGENDE

Les CHIFFRES inscrits dans ce cercle sont extraits des Almanachs de Gotha ; ils EXPRIMENT LA POPULATION MÉTROPOLITAINE ET COLONIALE DE CHAQUE ÉTAT

Les chiffres gras représentent des MILLIONS

POUR .... 35 PUISSANCES .... 1.285.272.000 habts

ABSTENTIONS .... 4 PUISSANCES .... 55.562.000 »

CONTRE .... 5 PUISSANCES .... 167.436.000 »

Document de la Conciliation Internationale

181

www.ingramcontent.com/pod-product-compliance
Ingram Content Group UK Ltd.
Pitfield, Milton Keynes, MK11 3LW, UK
UKHW020316200726
13857UKWH00001B/184